동식물에 관한 266가지 흔한 오류들

상식의 오류사전

동식물에 관한 266가지 혼한 오류들

상식의 오류사전

266populäre Irrtümer über
Pflanzen und Tiere

울리히 슈미트 지음 · 조경수 옮김

경당

감사의 말

베르벨 오프트링은 내가 이 책에 열광하여 당장 일을 시작하게 만드는 데 성공했다. 곧 내 가족을 필두로 주변 사람들이 모두 오류 바이러스에 감염되어 버렸다. 슈투트가르트 자연박물관 관람객들이 내게 던진 질문들도 아이디어를 주었다.

어둠 속에 빛을 밝히기 위해 엄청난 양의 자료와 책을 뒤졌다. 박물관 동료들이 전문적인 문제들을 해명하는 데 도움을 주었다. 그들 모두에게 진심으로 감사한다. 재치 있는 삽화를 그려준 프리드리히 베르트에게도 진심으로 감사한다.

실수와 새로운 오류들―그런 게 없는 곳이 어디 있겠는가?―은 물론 나의 잘못이고 언제라도 더 나은 것을 배울 의향이 있다.

●일러두기

동식물 용어를 옮기는 데 참고한 자료는 두산세계대백과사전(두산동아), 동물대백과(아카데미 서적),
브리태니커 CD 2000 멀티미디어판(한국 브리태니커), 한국곤충명집(한국곤충학회,
한국응용곤충학회;건국대학교 출판부), 세계중요동식물 일반명 명감(전파과학사),
생물학사전(한국생물과학협회;아카데미 서적) 등입니다.
용어가 통일되어 있지 않은 경우에는 가장 많이 사용하는 것을 썼습니다.

동물과 식물의 상식에 관한 오류들

아이들은 철분이 풍부한 시금치를 많이 먹어야 한다. 후식으로는 아마 비타민C를 많이 함유한 오렌지가 좋을 것이다. 사과도 좋겠지만 혹시 벌레가 먹었을지도 모른다. 정말로 벌레 먹은 사과면 미니산토끼 우리에 넣어준다. 또 퇴비 더미에 던져버리면 검정지빠귀와 지빠귀들이 금방 달려들 것이다.

다섯 문장, 다섯 오류. 확고한 상식처럼 보이지만 알고 보면 틀린 것으로 밝혀지는 경우가 많다. 오류는 인간적이다. 그리고 절대 수치스럽지 않다. 과학적 인식조차도 대개 처음부터 똑바른 길로 가지는 않는다. 나중에 틀린 것으로 밝혀지는 이론들이 거듭해서 세워지지만, 그래도 이런 이론들은 새로운 지식의 습득에 기여한다. 그리고 비범한 사고의 비상飛上에 기초한 독창적인 오류들이 진부한 진실보다 학문을 더 발전시켰던 적이 많다. 저명한 생물학자이자 열렬한 초기 다윈주의자 토머스 헨리 헉슬리가 "불합리하게 옹호되는 진실은 합리적으로 근거를 제시한 오류보다 더 해로울 수 있다"고 말하지 않았던가. 게다가 오늘의 진실이 내일의 오류가 아니라고 누가

장담할 수 있겠는가? 아무튼 잘못된 주장과 우리 선조들의 생물학적 세계관을 건방지게 비웃기보다는 주장과 논증들을 살펴보는 것이 더 유익하다.

여기 모아놓은 생물학 분야의 오류들은 매우 다양한 원인에서 발생한 것들이다.

잘못된 가정들의 다수가 단순히 부정확한 관찰에서 기인한다. 아무도 다시 한 번 그 가정을 실제와 비교해 보지 않은 채 책에서 책으로 옮겨졌기 때문에 확고한 상식으로 고수되고 있다. 이런저런 것을 수정하는 과학적 진보는 내부자들만 아는 지식에서 일반인에게 알려지는 단계에 이르기까지 수십 년이 걸리는 경우도 종종 있다.

이상한 동식물의 이름들이 연상작용을 일으켜서 오해의 여지를 준다. 이런 이름들은 흔히 그 종을 처음으로 서술한 사람들이 오류를 범한 데서 시작된다. 또 사람들은 가능한 한 이미 알려진 것과의 비교를 통해 새로운 명칭을 붙이기도 했는데 이 과정에서 상상력이 넘치면서도 헷갈리게 만드는 이름들이 탄생했다. 그 결과 예를 들어 어떤 해파리는 그것의 자포독이 말벌의 침을 연상시킨다는 이유만으로 졸지에 바다말벌sea wasp이라는 곤충이 되어버렸다.

그 밖에도 속명俗名이 언제나 학명과 일치하지는 않는다. 예를 들어 무엇이 견과이고 장과漿果인지는 보통 수준의 이해력만 있으면 금방 알 거라고 믿는다면 큰 착각이다.

마지막으로 많은 오류들이 성급한 일반화에서 발생한다. 생물학적 다양성은 너무나 방대해서 거의 모든 특징, 관찰 결과, 규칙에 대해 변형과 예외가 있는 법이다. 그래서 흔히 "원칙적으로는 그래, 하지만……"이라는 진술이 적용된다.

그러나 잘못된 관찰과 어처구니없는 그릇된 해석, 이상한 이름들의 미로에서 오류들을 추려내는 작업은 고소해하거나 잘난 척하며 교훈을 제시하려는 것이 아니다. 오히려 믿어지지 않을 정도로 흥미진진하고 방대한 생물학 분야에 대한 깊이 있는 통찰을 곁들인 즐거운 편력遍歷을 제공하고 싶을 뿐이다.

　물론 필자 역시 오류에 빠질 수 있다. 이 책에서 새로운 으류들이 너무 많이 나오지 않기만을 바랄 뿐이다. 책을 읽다가 의심스런 점을 발견하면 알려주기 바란다. 또한 조사해 볼 만한 가치가 있는 다른 생물학적 오류들에 대한 지적 역시 기쁘게 받아들이겠다.

울리히 수미트

ulrich. schmid. smns@naturkundemuseum-bw.de

| 차례 |

가마우지는 대규모의 환경 피해를 일으킨다?

유럽에서 가마우지처럼 그렇게 조직적으로 멸종 위기에 내몰린 조류 종은 별로 없다. 이 녹색 눈의 커다란 검은 새는 어부들보다 물고기를 더 잘 잡기 때문에 어부들의 원망을 한몸에 받고 있다. 철저한 보호조치 덕분에 부화되는 새와 서식하는 새의 수가 증가한 이래로 가마우지들이 혼자서 다니는 일은 드물어졌다. 큰 무리가 완벽하게 열을 지어 헤엄치면서 양어지에서 몰이 사냥을 하면, 양어지 주인의 눈에서는 눈물이 날지도 모른다. 이 물고기 도둑들을 다시 추방하자는 절박한 호소의 목소리가 터져 나왔고 점점 더 커지고 있다. 토론은 매우 감정적으로 진행되고 옳지 않은 주장이 나올 때도 많다. 가마우지가 낚시꾼들이 미리 풀어놓은 물고기를 그들보다 앞서 건져낸다고 해서 정말로 환경 피해를 일으키는가? 아니면 경제적 손실을 초래하는가? 어찌 됐건 이제 막「적색 자료 목록Red Data Book」(전 세계의 멸종 위기에 있는 동식물 목록─옮긴이)에서 빠져 나온 이들을 향한 "발사!" 소리가 실제로 들려오는 듯하다.

가재와 게는 '가재걸음'만 친다?

즉 뒤로만 간다? 관용어가 되어버린 가재걸음은 퇴보를 뜻한다. 하지만 많은 갑각류가 뒤뿐만 아니라 앞으로 또는 옆으로도 움직일 수 있고, 일부는 빠른 속도로 그렇게 움직일 수도 있다. 그래서 북해 연안에 사는 녹색 게 카르키누스 메나스*Carcinus maenas*는 저지 독일어(북부 독일에서 쓰는 방언, 현재 독일 표준어는 고지 독일어이다─옮긴이)로는 가로질러 가는 자라는 뜻의 '드바르스뢰퍼Dwarslöper'라는 이름으로 불린다. 가재는 중세 때 사순절 기간에 허용된 음식으로 인기가 많았고, 현재 중부 유럽에서는 생존이 크게 위협받고 있다. 가재 걸음이라는 말은 이 가재를 두고 생긴 말인 듯하다. 잡은 가재를 식탁 위에 쏟으면 녀석들은 뒤로 기면서 도망치려고 한다. 야생 상태에서 가재는 위급해지면 꼬리 부채를 몇 번 힘차게 치면서 뒤로 움직여 안전한 곳으로 간다. 걸어서가 아니라 헤엄치면서! 그러나 평소에는 그들도 여덟 개의 다리를 써서 앞으로 움직이는 것을 선호한다.

각다귀는 물 수 있다? 세간에서 각다귀라고 불리는 것, 예를 들어 저 악명 높은 리모니아 누베쿨로사 *Limonia nubeculosa*는 동물학자들 사이에서는 모기로 통용된다. 진짜 각다귀는 위험하지 않고 물지도 못한다. 그들을 보고 싶으면 온화한 저녁에 불을 밝히고 창문을 열어놓기만 하면 된다. 그러면 가끔 매력적인 색깔의 좁다란 날개와 끝없이 길고 가는 다리가 달린 커다란 쌍시류들이 불빛 주위로 몰려든다.

감자는 땅속 열매다? 물론 감자도 열매를

맺지만 땅 밑에서는 아니다. 열매는 꽃에서 생기는 것이므로 당연히
땅 위에서 자란다. 신버찌만 한 감자의 붉은 장과漿果는 솔라닌을 함
유하고 있어서 독성이 있다. 먹을 수 있는 감자의 덩이줄기는 꽃과
는 아무 상관이 없고 따라서 열매도 아니다. 또 땅속에서 자라긴 하
지만 뿌리와도 상관이 없다. 덩이줄기는 움트기 시작하는 싹의 끝에
서 발생한다. 하나의 감자는 봄이면 한편에서는 뿌리가, 다른 한편
에서는 '눈'에서 새싹들이 자라나 새로운 독립적인 식물이 된다. 그
러니까 감자라는 식물은 꽃과 씨를 통한 유성생식, 덩이줄기라는 클
론(클론, 240쪽 참조)을 통한 무성생식, 이 두 가지 번식기술을 다 이
용한다.

모든 **갑각류**가 물 속에서 산다? 지

하실에 갔는데 갑각류 동물과 마주쳤다고 상상해 보자. 불가능하다
고? 갑각류는 물에서만 산다고? 물론 대부분은 그렇지만 극히 다양
한 갑각류의 친족 중에서 그래도 몇 놈은 육지로 진출했다. 예를 들
어 육상 등각류(등각류, 216쪽 참조)가 그렇다. 여기에는 쥐며느리가
속하는데, 물기 하나 없이 건조한 신축 건물의 콘크리트 지하실만
아니라면 녀석을 쉽게 구경할 수 있다. 다른 여러 갑각류 동물들도
적어도 장기 탐험을 위해서 기꺼이 물을 떠난다. 북해의 게 카르치
누스 메나스는 젖은 모래 속에 숨어 있거나 해초 속에서 다음 밀물
을 기다린다. 열대 해변은 땅에서도 물 속처럼 편히 지내는 갑각류

동물들로 붐빌 때가 많다. 어떤 녀석들은 알을 낳을 때만 물로 돌아 가기도 한다. 잠수부가 산소통을 사용하여 물 속에서의 체류를 연장 시키는 것처럼 카르디소마 카르니펙스*Cardisoma carnifex*라는 게는 물을 조금씩 비축해서 숨구멍 속에 파묻힌 아가미가 항상 젖어 있도록 한다. 물 밖에서의 호흡 역시 같은 방법으로 이루어진다. 이제 야자 집게들을 살펴보자. 이 녀석들은 실제로 20미터 높이의 야자나무에 기어올라가 코코넛을 잘라 떨어뜨린 후 바닥으로 내려와 먹기 때문에 그런 이름을 갖게 되었다. 야자집게는 숨구멍의 내벽이 산소를 받아들이는 폐로 변한 반면에 원래의 아가미는 위축되었다. 물에 빠지면 죽는 갑각류다!

개와 고양이는 앙숙이다?

"그들은 개와 고양이 같아." 이 말은 분명히 두 사람이 서로를 전혀 이해하지 못한다는 뜻이다. 그런데 여기서는 이 말을 액면 그대로 받아들여야 하는데, 고양이와 개는 실제로 서로 전혀 다른 몸짓 언어를 쓰기 때문이다. 개가 앞발을 들고 꼬리를 흔들면 기분이 좋고 친구가 되어 놀고 싶다는 뜻이다. 하지만 고양이는 전혀 다른 뜻으로 받아들인다. 고양이의 언어에서는 똑같은 몸짓이, "나한테 너무 가까이 오지 마. 안 그러면 얼굴에 한방 먹일 거야'라는 의미이기 때문이다. 반대로 고양이가 기분이 좋아 목을 그르렁거리면 개는 그것을 위협하는 드르렁 소리로 알아듣는다. 그러니까 이들은 타고난 불구대천의 원수 사이가 아니라, 단지 의사소통에 문제가 있을 뿐이다. 따라서 함께 자란 개와 고양이는 상대의 몸짓을 제대로 해석하는 법을 배워 좋은 친구가 될 수도 있다.

짖는 **개**는 물지 않는다?

이 말은 믿지 않는 것이 좋을 듯하다. 물론 엄청 시끄럽게 집배원을 맞이하고 다음 순간 꼬리를 감추고 도망가는 개들도 있다. 하지만 또 많은 개들이 짖는 것을 덤벼들기 전에 보내는 최후의 경고로 쓴다. 따라서 위의 속담은 인생의 지혜로는 적당하지 않다. 물론 이따금 본론으로 들어가면 꽁무니를 빼는 허풍선이들을 만나기도 한다. 하지만 큰 소리로 욕을 퍼부은 뒤에 엄청난 구타가 뒤따를 때가 얼마나 많은가!

개는 걸을 때 발가락만 딛는다?

개처럼 걷고 싶은 사람은 우선 발끝으로 서야 할 것이다. 왜냐하면 우리 인간이나 곰처럼 걸을 때 발가락부터 발꿈치까지 발바닥 전체로 딛고 다니는 척행蹠行 동물은 포유류 중에서도 드문 편이기 때문이다. 많은 동물들이 고양이나 개처럼 발가락만으로 딛는다. 앞뒤 발의 가운데 발뼈는 바닥에 닿지 않는다. 우리가 식육목 동물의 뒷다리를 보고 서슴없이 '무릎'이라고 부르는 부위는 사실 발꿈치와 종아리

사이의 관절이다. 이것이 무릎과는 반대 방향으로 꺾이는 것을 보면 쉽게 알아차릴 수 있다. 무릎은 그보다 훨씬 위에, 몸통 바로 밑에 있다. 따라서 허벅다리는 비교적 짧다. 유제류 동물들은 발레 댄서처럼 발끝으로 다가온다. 소와 말은 발끝으로 걷는 동물이다. 심지어 말은 가운뎃발가락의 끝으로만 걷는다. 육지 동물 중에서 가장 헤비급인 코끼리조차도 작은 발굽으로 된 발가락 끝만이 바닥에 닿는다. 이 후피동물이 걸으면서 남기는 둥근 접지면은 비스듬하게 되어 있는 발뼈 밑에서 압력의 균일한 분배를 담당하는 쐐기꼴의 쿠션 같은 결체조직이다.

복날 더위는 개 도 참기 힘들다? 정말

개 산책도 시키기 싫을 정도로 날씨가 나쁜 날이 있다. 아마 1년 중 가장 무더운 시기에 오는 복날도 그런 날에 속할 것이다. 하지만 복중Hundstage('개의 날들'이라는 뜻으로 영어로도 Dog Days다―옮긴이)이라는 말은 개에서 유래한 것이 아니라 큰개자리에 있는 먼 별인 시리우스(독일어로는 개의 별Hundsstern)에서 유래했다. 천공에서 가장 밝은 항성인 시리우스가 아침 해와 함께 뜨면 복더위가 시작된다. 약 4,000년 전인 고대 이집트 문명의 전성기에는 7월 19일인 복중의 시작이 그해 최고의 폭염 기간뿐만 아니라, 생명을 앗아가는 나일 강의 범람을 예고했다. 8월 24일이 되어 큰개자리의 모든 별이 아침 하늘에서 보이면 복더위는 지나간 셈이다. 시간이 지나면서 시리우스 별이 뜨는 시기가 한 달 늦춰졌고, 요즘 복중은 8월 19일에야 비로소 시리우스가 뜨면서 시작된다. 그러니까 대체적으로 여름 무더위가 지난 바로 다음이다. 만 년 후에는 복날이 1월에 있게 될 것이다. 그때 누가 개를 산책 시키기를 싫어한다면 그건 틀림없이 더위 때문은 아닐 터이다.

개구리가 울면 비가 온다? 날씨의 예측 불가능성만큼 우리 인간의 화를 돋우는 것도 없는 듯하다. 날씨는 우리를 가만 내버려두지 않는다. 우리는 조금이라도 미래를 내다볼 수 있기를 바란다. 그래서 매일 저녁마다 텔레비전 앞에 모여 앉아서 일기예보관들의 장황한 설명에 귀를 기울이는 텔레비전 동호회까지 있을 정도다. 독일에서는 일기예보관들을 날씨개구리(작은 사다리가 있는 병에 넣어놓고 날씨를 예측하게 했던 개구리를 말한다. 예를 들어 개구리가 사다리 위로 올라가면 날씨가 좋을 거라고 생각했다—옮긴이)라고 부르는데, 실제로 그들의 예보는 개구리의 예보보다 딱히 더 믿을 만하지 않을 때도 많다. 작은 유리병 속 나무사다리 위에 앉아 서글픈 삶을 연명했던 청개구리들도 사실 날씨를 제대로 예측했던 것은 아니다. 개구리들이 위로 기어올라가는 것은 고기압권이 다가와서가 아니라 좁고 따뜻한 병 안에 산소가 부족해졌기 때문이었다. 게다가 야생 청개구리들도 날씨야 어떻든 전혀 상관 없이

먹이를 구하려고 나뭇가지 사이를 이리저리 기어올라 다 닌다. 또 이들이 시끄럽게 울어대는 것은 비가 올 것 같아서가 아니라 서글픈 신 세에도 불구하고 짝짓기 하고픈 마음이 생겼기 때문이다. 개구 리는 비가 오기 시작하면 유난 히 심하게 운다. 그런데 자연의 징후를 해석할 수 있는 사람이 라면 집을 조금만 나서도 불쌍 한 개구리들보다 훨씬 더 믿을 만한 일기예보관들을 발견할 수 있다. 예를 들면 낮게 나는 제비나 떼를 지어 이동하는 개미들 또는 저녁 하늘의 색깔 들이다.

물이 없으면 **개구리**는 살 수 없다?

개구리는 물을 사랑한다. 하지만 그렇다고 해서 모든 개구리가 물이 목까지 차 있어야만 쾌적하게 지내는 건 아니다. 북아메리카의 소노 란 사막에는 진짜 사막개구리가 산다. 쟁기발개구리는 점액을 칠한 깊은 구덩이에 파묻혀서 11개월의 건기를 견뎌낸다. 그리고 어느 날 지표면에 떨어지는 빗방울이 녀석을 소생시킨다. 이제 세상에서 가장 중요한 두 가지 일을 후닥닥 해치울 차례다. 바로 식사와 섹스다. 1년 에 단 하룻밤 개구리들의 협주곡이 사막에 울려퍼지고 곧 산란이 시 작된다.

브레비켑스 아드스페르수스*Breviceps adspersus*라는 아프리카맹꽁이류가 사는 곳은 상황이 훨씬 더 나쁘다. 남아프리카의 태안 사막은 전혀 비가 오지 않는 것과 다름없다. 습기를 공급해 주는 것은 안개뿐이다. 개구리들은 안개가 응결된 물을 피부로 '마신다.' 새끼들조차 수영은 꿈도 꿀 수 없다. 암컷은 모래 속에 알을 낳고 알들의 건조를 막기 위해 수정되지 않은 알들을 그 위에 한 겹 덮는다. 알에서는 올챙이가 아니라 작은 개구리들이 곧바로 부화한다.

개똥벌레는 벌레다? 이 '벌레' 역시 곤충이다. 사과 속의 '벌레들'(벌레, 150쪽 참조)과는 달리 개똥벌레(보통 반딧불이라고 하며 딱정벌레목에 속한다―옮긴이)는 유충이 아니라 다 자란 성충이다. 독일에 사는 세 종의 개똥벌레 암컷은 진정한 딱정벌레류에 걸맞는 외양을 갖고 있지 않다. 반면 수컷은 딱정벌레답다. 암컷은 다 자란 후에도 여전히 날개 없는 유충과 비슷하다. 저녁이 되면 암컷은 불을 밝히는데 이 녹색 등불로 수컷을 유혹한다. 독일 개똥벌레들의 경우에는

암컷이 지속적으로 빛
을 내는데 비해, 많
은 열대의 개똥벌
레들은 종마다 독특
한 모스 신호를 내
보낸다. 몇몇 종은 수컷
과 유충, 심지어 알까지

빛을 발한다. 빛은 냉열 화학반응에 의해 발생하는데, 이때 95퍼센트, 즉 생성되는 에너지의 거의 전부가 빛으로 방출된다. 엔지니어들은 감히 꿈도 못 꾸는 높은 효율이다. 일반 전구의 경우 투입된 에너지의 겨우 5퍼센트만이 발광에 쓰일 뿐이다.

개미는 결코 날 수 없다?

땅바닥을 부지런히 기어다니며 일하는 이 작은 노동자들을 보면 사람들은 이런 생각을 한다. 하지만 어느 무더운 여름날 오후, 뜻밖의 일이 벌어진다. 커다란 개미둑의 모든 출구에서 날개 달린 곤충들이 쏟아져 나와 부지런히 이리저리 기어다니다가 이륙하여 영영 사라지고 마는 것이다. 그들은 처녀비행에 나선 여왕개미들과 처녀비행을 가능하면 빨리 신혼여행으로 바꾸려고 애쓰는 수개미들이다. 짝짓기는 이따금 그대로 공중에서 이루어진다. 착륙과 동시에 고공비행은 끝이 난다. 계획대로 날개는 떨어져 나가고 개미는 마침내 우리에게 친숙한 모습으로 돌아온다. 여섯 개의 다리와 잘록한 개미허리로 기어다니는 작은 존재로 말이다. 여왕개미는 이제 자신의 새로운 왕국을 세우기에 적당한 장소를 물색한다. 비행 중에 정액을 충분히 저장해 놓았기 때문에 여왕은 새로운 배우자를 얻거나 또다시 비행을 하지 않아도 된다.

개미 사회는 수컷과 암컷으로 이루어진다?

홍개미들의 굴속을 잠시 여행해 보자 이곳에서는 족히 50만 명의 주민들이 쉬지 않고 일하고 있다. 개미둑을 수리하고 확장하며, 온도를 조절하기 위해 작은 문을 여닫고, 새끼들의 양육에 몰두하며, 먹이를 찾거나 진딧물의 즙을 얻기 위해 무리를 지어 바깥 세상으로 나간다. 많은 업무들이 인간 세상에서 행해지는 일들과 비슷해서 마치 인간 사회처럼 분업이 이루어지고 있다고 저도 모르게 가정하는 사람들이 많다. 아이와 부엌일은 암컷들의 몫이고, 수컷들은 건설을 하고 상황이 위험해지면 전투 채비를 한다고 말이다. 그러나 완전히 틀렸다! 개미 왕국에서 결정권(돈시에 일)은 전적으로 암컷들에게 있고 통치도 여성인 여왕개미가 한다.

어떤 개미 종의 경우에는 한 둥지에 여왕이 여럿이다. 이 경우 마치 연방제처럼 각 여왕이 고유의 영역을 가지고 있다. 말하자면 개미연방공화국인 셈이다. 여왕개미는 산란 독점권을 가진다. 여주인보다 몸집이 훨씬 작고 생식선이 잘 발달하지 않은 암컷 일개미들은 모두 일을 하고 여왕이 없을 때만 생식을 할 수 있다.

그렇다면 수컷들은 모두 어디 있는 것일까? 수컷들은 정자 기증자 역할만 할 뿐이다. 수캐미들은 부화하자마자 젊은 여왕개미들과 함께 혼인비행을 위해 이륙한다(개미, 40쪽 참조). 그것으로써 녀석들은 제 할 일을 다 한 셈이다. 일개미들의 몸길이가 거의 1.5센티미터에 달해 독일의 개미들 중에서 가장 몸집이 큰 목수개미의 경우 수캐미들은 좀더 오래 머무를 수 있다. 그러나 그렇다고 해도 쓸모는 없다.

개미처녀는 개미다? 개미 사회는 대개

전적으로 처녀들, 즉 일하는 암개미들로 구성된다. 생식 독점권은 여왕개미에게 있는데, 여왕은 혼인비행을 하면서 평생 동안 쓰기에 충분할 정도로 많은 정액을 몸에 저장한다(개미, 38쪽 참조). 이때부터 수컷들은 더 이상 쓸모가 없어진다. 그런데 처녀개미는 일개미라는 낭만적이지 못한 이름으로 불린다. 그리고 개미처녀(명주잠자리의 독일어명이 아마이젠융퍼Ameisenjungfer, 즉 개미처녀이다―옮긴이)는 따로 있다. 이들 개미처녀는 개미가 아니라 몸집이 큰 맥시류인 명주잠자리이다.

명주잠자리는 첫눈에 보기에는 잠자리와 약간 비슷해 보이지만, 더듬이가 더 길고 앉아 있을 때는 날개를 지붕 모양으로 몸 위에 올려놓는다. 유충일 때는 모습이 성충과는 전혀 다르고, 이름마저 달라서 개미귀신이라고 불린다. 개미귀신은 모래 속의 따뜻하고, 비를 피할 수 있는 장소에서 발견되는데, 지름과 깊이가 몇 센티미터쯤 되는 작은 깔때기형 구멍의 바닥에 거의 완전히 파묻혀 지낸다. 아무것도 모르는 곤충(예를 들어 개미)이 다가오면 매복해 있던 개미귀신은 계속 모래를 집어던져서 그 곤충이 깔때기 속으로 미끄러지게 만든다. 깔때기의 가파른 벽에는 붙잡을 것이 없다. 결국 두 개의 거대한 집게 같은 턱이 점점 힘이 빠져가는 희생자를 움켜잡아 독살한 후 체액을 모조리 빨아 먹는다. 개미귀신을 파내 보면 빳빳한 털이 난 길이 1센티미터 정도의 눈에 잘 띄지 않는 회갈색 몸통을 손에 쥐게 되는데, 녀석은 다시 땅속으로 파고 들어가려고 발버둥을 친다. 개미귀신은 깔때기 바닥에 숨어 위험한 집게만 내놓고 있어야 비로소 편안함을 느낀다. 결론적으로 말해 개미처녀는 개미가 아니라, 바로 어린 시절 개미를 먹고 자란 개미 포식자이다.

거미는 곤충이다?

어느 정도 유사성이 있다는 것을 동물학자들도 인정한다. 거미류도 곤충류처럼 절지동물에 속한다. 키틴질로 된 외부 골격과 여러 관절로 된 다리가 이들의 기본 장비다. 그러나 그밖에는 차이점이 압도적으로 많다. 편의상 거미목에만 집중하고 전갈, 진드기, 장님거미와 거미강에 속하는 기타 진기한 동물군 몇은 그냥 넘어가기로 하자.

우선 곤충은 다리가 여섯 개이고 거미는 여덟 개다. 곤충은 몸이 머리, 가슴(여기에 다리가 붙어 있다) 그리고 배, 이렇게 세 부분으로 이루어져 있지만 거미는 두 부분뿐이다. 곤충은 거의 다 날개가 있지만 거미는 전혀 없다. 행여 날게 되면 그건 바람 덕분이다. 화창한 늦여름이면 수백만 마리의 새끼 거미들이 긴 거미줄어 매달려 돌아다닌다. 그런데 이름의 유래(거미강을 아라크노이다Arachnoida라고 하는데 이 이름은 그리스 신화에 나오는 베 짜는 여인 아라크네Arachn에서 따온 것이다―옮긴이)가 된 실을 잣는 일은 거미만의 독점적인 능력이 아니다. 이를테면 곤충인 누에의 작품인 실크를 무시해서는 안 된다.

모든 거미가 그물을 친다?

깡충거미가 집의 거친 회벽 위를 천천히 움직인다. 녀석은 아무것도 모른 채 아침 햇살을 즐기고 있는 작은 파리를 거대한 눈으로 주시한다. 거미는 마지막 남은 몇 센티미터를 펄쩍 뛰어넘는다. 진짜 맹수답다. 독이 묻은 다리가 나머지 일을 처리한다. 그러는 동안 화단에서는 벌 한 마리가 꽃가루와 화밀花蜜을 찾고 있다. 노란 꽃 위로 날아간 벌은 그만, 역시 노란색인 덕분에 거의 눈에 띄지 않던 게거미의 활짝 벌린 앞다리로 직행하고 만다. 중부 유럽에서는 건물 안에서만 돌아다니며 야행성이라 거의 눈에 띄지 않는 아롱가죽거미가 작은 곤충들이나 다른 거미들을 찾아 느린 걸음으로 어둠 속을 슬금슬금 기어다닌다. 먹잇감을 발견하면 앞몸을 살짝 일으켜 번개처럼 빠르게 튀어나와 지그재그형으로 뻗어나가는 끈끈한 줄로 몇 센티미터 밖에 있는 희생자를 꼼짝 못하게 만든다.

이상은 거미가 먹이를 사냥하기 위해 쓰는 수많은 전략들 중 세 가지에 불과하다. 그러니까 통상적으로 '거미의 특징'이라고 간주되는 아침 이슬에 반짝이는 왕거미류의 황홀한 바퀴살 모양의 그물은 여러 가지 사냥 방법 중 하나일 뿐이다. 거미그물 자체도 굉장히 다양한 모양을 자랑한다. 이를테면 구석진 곳에 많이 사는 유령거미과 거미들은 무질서한 실뭉치 같은 거미줄을 치는데, 지나가던 벌레들이 여기에 걸려 허우적댄다. 건조하고 햇빛이 내리쬐는 밭둑에는 땅거미가 폐쇄된 실크관管 속에서 살고 있다. 부주의한 딱정벌레가 그 위로 기어가면 독이 묻은 거미의 기다란 다리가 직물을 뚫고 나와 딱정벌레의 몸 속으로 들어간다. 암컷을 찾아간 수컷 거미는 포획용 실크관 위에서 다리로 부드럽게 드럼 독주를 함으로써 이런 운명을 피한다.

거미줄은 섬세한 실이다? 섬세하다는

게 가늘다는 의미라면 거미줄은 섬세하다. 가장 굵다는 열대무당거미속*Nephila*의 거미줄도 굵기가 겨우 0.012밀리미터로 사람의 머리카락(0.05~0.1밀리미터)보다 훨씬 가늘다. 몇몇 거미 종이 만드는 거미줄은, 체 같은 판을 통과시킨 후 나중에 다리에 붙은 빗 같은 것으로 빗어 가늘고 곱슬곱슬한 실이 되는데 두께가 0.000015밀리미터에 불과하다.

하지만 섬세하다는 게 연약하다는 의미라면 거미줄은 섬세하지 않다. 실의 견고성은 두 가지 수치로 나타낼 수 있는데, 하나는 강도이고 다른 하나는 신축성이다. 몇 가지 데이터를 들어보면(첫번째 수치는 신축성을, 두번째 수치는 강도를 백분율로 나타낸 것이다), 유리 3/96, 강철 8/44, 나일론 22/67, 거미줄 31/100, 모 43/20이다. 그러니까 거미줄만큼 가는 유리섬유는 거의 거미줄과 비슷하게 질기지만 신축성은 훨씬 떨어진다. 모는 거미줄보다 신축성은 뛰어나지만, 그만큼 질기지는 않다. 강철은 신축성, 강도 모두가 거미줄에 못 미친다. 이쯤에서 모든 거미줄이 다 똑같이 견고하지는 않다는 말을 해야겠다. 거미가 알들을 싸는 주머니의 줄은 앞에서 비교한 그물용 줄, 즉 거미가 서 있고 가는 곳에 설치하는 안전장치보다 강하지 않다. 이 줄을 쓰면 어쩌면 추락할 수도 있다.

아무튼 거미줄은 지금까지 어떤 기술도 달성하지 못한 이상적인 방식으로 강도와 신축성을 결합해 내고 있다.

검정지빠귀와 지빠귀는 다른 새

다? "검정지빠귀, 지빠귀, 되새와 흰점찌르레기……." 독일 전래 동요의 한 구절이다. 그렇다면 이들은 네 가지 종의 새인가? 결코 그렇지 않다. 검정지빠귀와 흰점찌르레기의 경우에만 분명히 다른 종이라고 할 수 있다. 반면에 지빠귀와 되새는 그들 각각이 많은 종을 거느린 조류의 한 과科이다. 지빠귀과에는 노래지빠귀, 기생목지빠귀, 노랑목지빠귀뿐만 아니라 검정지빠귀도 포함된다. 그러니까 검정지빠귀와 지빠귀라고 했을 때는 서로 다른 종일 경우도 있지만 항상 그렇지는 않다.

겨울잠을 자는 동물들은 겨우내내

잔다? 난방은 에너지를 필요로 하고 에너지는 소중하다. 겨울잠은 에너지를 절약하는 잠이다. 잠을 자는 동안에는 상황에 따라 조절되는 체온 저하 덕분에 음식을 먹지 않고도 오랜 시간을 버틸 수 있다. 겨울잠을 자는 독일 박쥐들의 경우 겨울잠의 장점은 분명하다. 박쥐는 식충류인데 겨울에는 먹을 만한 게 거의 없다. 하지만 먹잇감들이 다시 윙윙거리며 돌아다닐 때까지 가을에 비축해 둔 체지방(가득 찬 기름 탱크에 비교할 수 있다)으로 버틸 수 있다. 설령 겨울잠이 겨울 내내 지속된다 하더라도 중간중간 깨기도 한다. 예를 들어 날씨가 너무 추워지면 얼어죽을 염려가 있다. 그럴 때는 경보종이 울려 난방이 작동되고 박쥐들은 더 안전한 장소를 찾아 움직인다.

겨울잠을 자는 다른 동물들은 정기적으로 깨어난다. 필요가 없으면 뭐 하러 햄스터가 비상식량을 모아놓았겠는가? 녀석은 꽉꽉 채워놓은 식량창고를 방문하기 위해 며칠에 한 번씩 겨울잠을 중단한다. 또 다른 설치류인 큰동면쥐는 식량을 비축하지 않고 박쥐처럼 자신의 '뚱뚱한 배'를 먹는다. 큰동면쥐는 가을에는 체중이 120그램인데 봄까지 체중의 3분의 1이 줄어든다. 녀석은 햄스터보다 훨씬 드물게 깬다. 매번 몸을 가열시킬 때마다 에너지가 쓰이기 때문이다.

가장 살이 많이 찌는 건 마멋인데 가을이면 너무 뚱뚱해져서 거의 뛰지도 못할 지경이 된다. 그렇게까지 살이 쪄야 할 필요가 있는 것이, 알프스 고원의 겨울은 길고 혹독하기 때문이다. 마멋은 겨울이 다가오는 10월부터 시작해서 5월까지 죽은 듯이 잔다. 하지만 녀석도 중간중간 대략 2주에 한 번꼴로 깨어서 볼일을 보고, 몸을 좀 닦고, 짚으로 된 침대를 털어서 푹신하게 만든다.

고래는 물고기다?

고래가 어류가 아니라 포유류라는 것은 이제는 누구나 다 아는 사실이다. 그런데도 고래가 물고기라는 생각이 얼마나 자주 드는지! 이 해양 포유류와 어류의 외모는 깜짝 놀랄 정도로 유사하지만 전혀 근연近緣 관계가 아니다. 그저 바다라는 동일한 서식 공간에서 동일한 방향으로 적응해 온 결과 비슷해졌을 뿐이다. 진화는 에너지를 절약하는 자에게 상을 준다. 후륜 구동장치(물고기의 경우에는 수직 꼬리지느러미, 고래의 경우에는 전형적인 수평 꼬리지느러미)를 갖춘 우아한 유선형 몸은 재빠른 대양의 수영선수들에게는 최적의 조건이다. 기술자들도 이보다 더 물의 흐름에 유리한 구조는 생각해 내지 못할 것이다.

하지만 이 유별난 포장 밑에서 고래는 폐와 따뜻한 피를 가진 전형적인 포유동물이라는 자신의 정체를 드러낸다. 계속 물 속에서 사는 동물에게는 전혀 쓸모가 없는 털가죽 대신 지방층이 필요한 단열 작용을 해준다. 고래는 자궁에서 자라고 태어나서 처음 몇 달 동안은 젖을 먹는다. 이 젖은 50퍼센트가 지방이다(비교하자면, 크림의 지방분은 겨우 25~30퍼센트이다). 고래의 앞지느러미에는 오래 전부터 전해 온 뼈들이 숨어 있다. 견갑골, 상박, 척골, 요골, 앞발가락 등이다. 하지만 뒷다리는 찾아봤자 헛수고다. 옛날 고래들의 경우에는 겉으로 드러나 보였지만 진화 과정에서 사라져버렸다. 현재의 고래들에게는 겉으로는 보이지 않는 뼈의 쬠쇠, 즉 퇴화한 골반의 흔적이 남아 있어 고래의 선조들이 한때는 다리가 넷이었다는 사실을 상기시켜 줄 뿐이다. 그런데 이 작은 뼈가 전혀 아무 기능도 하지 않는 건 아니다. 적어도 향유고래의 경우에는 이 뼈에 페니스를 세워

주는 근육이 붙어 있다. 결국 고래도 은밀한 순간에는 포유류에게 어울리는 행동을 하는 것이다.

고래는 물 위로 떠오를 때 물을 내뿜는다?

깊은 바다 속에서 거대한 몸이 떠오른다. 고래는 수면에 도달하기가 무섭게 세찬 물줄기를 높이 뿜어낸다. 만화나 특수효과를 사용한 영화에서는 흔히 볼 수 있는 장면이다. 사실 그건 전부 뜨거운 공기이다. 다른 모든 포유동물들처럼 고래도 콧구멍이 있다. 하지만 고래의 콧구멍은 좀 특이한 위치에 있다. 진화하면서 앞쪽에서 위쪽으로 이동한 것이다.

오랜 잠수 끝에 산소를 다 쓴 따뜻한 호흡 공기는 커다란 쉭쉭 소리를 내며 높은 압력으로 분출된다. 그럴 때 어떤 일이 일어날지는 누구나 겨울에 체험해 봐서 안다. 주변의 차가운 공기에서 수증기가 응결되고 구름이 형성되는데, 고래의 경우 '분기噴氣'라고 불린다. 게다가 그 모양과 형태로 각각의 고래 종을 구별할 수도 있다. 흰긴수염고래(대왕고래)의 분기는 높고 가는 기둥 모양으로 9미터나 치솟는다. 쇠고래(귀신고래)는 양쪽 콧구멍을 이용해 이중 분기를 만들고, 분기 구멍이 하나뿐인 향유고래는 비스듬하게 앞으로 향한 하나의 구름을 만든다.

고래는 거대하다?

고래가 흰긴수염고래(최대 몸길이 33미터)와 참고래(최대 몸길이 25미터) 덕분에 지구상에서 가장 몸집이 큰 동물이긴 하다(공룡, 56쪽 참조). 하지만 그렇다고 해서 고래라면 예외 없이 다 몸집이 거대하다는 말은 아니다. 90여 종에 달하는 고래의 크기를 한번 살펴보자. 작은 것들로는 케팔로린쿠스속*Cephalorhynchus*의 흑백 돌고래 네 종이 있는데, 녀석들은 길이가 1.5미터도 채 안 된다. 검은색과 흰색으로 된 아주 매력적인 외모의 세팔리돌고래, 흰배돌고래, 작은범돌고래, 헥토돌고래는 작은 몸집 덕분에 욕조에도 충분히 들어갈 정도이다. 하지만 그건 이 고래들에게 적절한 대접은 아닐 게다. 세팔리돌고래는 시속 70킬로미터로 물 속을 질주할 수 있다. 이 작은 고래들을 보고 싶은 사람은 남반구로 여행을 가야 한다. 하지만 독일의 북해 연안을 정기적으로 순회하는 유일한 고래인 작은곱등어*Phocaena phocaena*도 1.5미터 내지 2미터가 채 안 되는 몸길이와 54~65킬로그램의 체중으로 고래 중에서는 경량급이다.

고래와 돌고래는 다른 동물군에 속한다?

우아하게 물을 가르는 명랑한 돌고래와 조용히 움직이며 대양을 샅샅이 파헤치는 거대한 고래 사이는 하늘과 땅만큼 멀어 보이지만 사실 돌고래는 몸집이 작은 고래일 뿐이다. 이 점은 이들의 수평 꼬리지느러미, 분기 구멍 그리고 지느러미로 변형된 다리들을 보면 쉽게 알아차릴 수 있다.

생물학자들이 세운 엄격한 계통 체계에서 고래는 포유류의 한 목인 고래목을 형성한다. 90여 종에 달하는 고래들은 다시 수염고래아목(10종)과 이빨고래아목(80여 종)으로 나눠진다. 주로 플랑크톤성 갑각류(크릴새우)인 먹이를 각질 수염으로 걸러서 먹는 수염고래류에는 최고 33미터에 달하는 몸길이를 자랑하는 흰긴수염고래를 선두로 바다의 거구들이 속한다. 작은흑고래라고 불리는 가장 작은 수염고래도 5~6미터까지는 자란다. 대부분의 이빨고래는 수염고래보다 작다(20미터까지 자라는 향유고래는 예외다). 이들은 푸짐한 식사를 좋아한다. 그래서 어류와 두족류를 사냥하는데, 범고래는 기각류와 다른 고래까지 사냥한다. 20종으로 고래목에서 가장 방대한 과를 이룬 돌고래는 몸길이가 1.2~4.5미터 정도다.

고래수염은 어류에서 나온다?

플라스틱이 발명되기 전에 고래수염은 인기 있는 소재였다. 고래수염은 매우 견고할 뿐만 아니라 탄력성이 뛰어난데, 이는 천연소재 중에서는 매우 희귀한 경우다. 수백 년 동안 고래수염은 코르셋으로 가공되어 숙녀들의 몸매를 지켜줬다. 고래수염의 독일어명인 '피슈바인Fischbein(물고기 뼈라는 뜻─옮긴이)'은 두 가지 점에서 잘못된 표현이다. 고래수염은 물고기에서 나오는 것도 아니고, 뼈도 아니다(Bein은 뼈의 옛날식 표현이다). 사실 이것은 고래, 즉 포유류의 수염이다(고래, 49쪽 참조). 흑고래류의 경우 최고 4미터에 달하는 이 각 질판은 수염고래아목 고래들의 위턱 양쪽에 촘촘하게 나 있고 플랑크톤을 걸러 먹는 데 이용된다.

고릴라는 특히 위험한 원숭이다?

이 녀석들은 크기부터 벌써 인상적이다. 어른 고릴라 수컷은 키가 2미터, 몸무게가 200킬로그램에 육박한다. 녀석의 위협적인 몸짓은 누구에게나 공포를 불러일으킨다. 고릴라가 똑바로 일어서서 양손으로 가슴을 두드리거나 크게 고함을 지르면서 적(또는 인간)을 향해 달리면 녀석이 공격하려는 것이 아니라, 그저 겁만 주려는 것이라는 사실을 설령 안다고 해도 신경이 날카로워진다. 고릴라는 거의 언제나 이 목적을 달성하므로 더 이상의 조치는 필요없다. 수백 년 동안 호전적이고 무시무시하며 잔혹한 존재라는 이미지가 이 가장 몸집이 큰 유인원에 대한 생각을 지배해 왔다. 킹콩이 그 대표적인 예다. 그런데 요즈음 고릴라는 종종 감상적인 존재로 미화되고 부드러운 거인, 심지어는 인간보다 더 나은 존재로까지 대접받고 있다. 실제로도 고릴라는 갈등을 대개 평화적으로 해결하고 사람에게도 우호적으로 행동한다. 하지만 고릴라의 공격에 희생된 사람들이 전혀 없지는 않다. 따라서 괴물로 매도하는 것도,

모범적이고 평화롭고 따뜻한 존재로 미화하는 것도 고릴라에게는
어울리지 않는다.

고양이는 물을 무서워한다? 집고양

이들은 이따금 토종 들고양이들과 관계를 맺긴 하지단, 아프리카와
서남아시아의 리비아고양이들의 후손이다. 리비아고양이는 건조하
고 따뜻한 관목숲과 사바나 지역을 돌아다닌다. 이것이 집고양이가
따뜻한 곳을 좋아하고 물을 무서워하는 이유에 대한 설명이 될지도
모르겠다. 겉으로 보기에 자발적으로 물에 들어가는 집고양이는 딱
한 종뿐인 듯하다. 터키 동부의 반 호수 근교가 원산지인 반고양이
Turkish van는 수영을 즐겨서 '수영하는 고양이'라고도 불린다. 1955
년에 처음으로 반고양이들이 영국으로 수출되었고, 1969년 이후 사
육사들 사이에서 품종으로 인정받게 되었다. 전설에 따르면 몸뚱이
는 주로 흰색이고 약한 붉은 빛이 도는 꼬리를 가진 반고양이들의
두 눈 위에 있는 적갈색 반점은 하느님 덕분이라고 한다. 노아의 방
주가 반 호수 근처의 아라라트 산(터키 동부에 있는 높이 5,185미터
의 사화산―옮긴이)에 상륙한 후에 신의 축복이 이런 불 같은 징표를
남겼다는 것이다.

그런데 고양이와 물의 관
계를 집고양이들에게
만 국한해서 살펴봐서
는 안 될 것이다. 고양
이과는 40여 종에 이

르고 그 중에는 물을 전혀 무서워하지 않는 종도 여럿 있기 때문이다. 남아시아의 고기잡이고양이는 얕은 물을 건너는 건 물론이고, 헤엄을 치고 잠수해서 물고기도 잡는다고 한다. 호랑이는 수영을 잘하고 좋아하며 재규어도 물을 무서워하지 않는다.

곡립은 화본과 식물의 씨다? 세계에서 가장 성공적인 식물군인 속씨식물은 씨가 열매 속에 들어 있다. 열매는 한편으로는 예민한 밑씨를 보호하는 기능을 하고 다른 한편으로 이것의 효과적인 전파를 돕는다. 이를 위해 열매는 동물을 유인하는 맛있는 과육, 비행장치, 감고 올라가거나 미끄러지는 기능 등 다양한 수단을 동원해서 씨를 방출한다. 하지만 곡류가 포함된 화본과의 경우에는 씨와 과피들이 하나로 합생되어 분리되지 않는다. 그러니까 곡립은 그냥 씨가 아니라 수과瘦果라고 불리는 열매인 셈이다. 열매에 속하지 않는 겉껍질은 보호 기능을 하고, 긴 까끄라기는 수과의 전파를 돕는다.

곰은 겨울잠을 잔다? 물론 겨울이면 곰은 이따금 몇 주, 심지어 몇 달 동안이나 은신처로 숨어들어 대부분의 시간을 잠자면서 보내기는 한다. 그럴 때는 아무것도 먹거나 마시지 않는다. 월동하는 곰의 체온은 평소보다 몇 도 떨어져 있고, 심장은 여름철보다 훨씬 천천히 박동한다. 그렇다고 해도 곰은 진정한 의미의 겨울잠을 자는 동물은 아니다. 진짜 겨울잠을 자려면 내부의 난

방을 완전히 끄고(얼어 죽을 염려가 없는 경우라면) 몸 전체의 신진대
사를 훨씬 더 저하시켜야 할 것이다(겨울잠, 44쪽 참조). 하지만 이런
방식은 마멋 정도로 몸집
이 작은 동물들에게나
합리적인 듯하다. 만
약 곰이 그 거대한 몸
을 봄에 다시 데우
려면 엄청난 양의
에너지를 비축해
둬야 하기 때문
이다. 따라서 겨울잠의 에너지 절약 효과는 사라지게 된다. 그러니
까 곰은 겨울잠을 자는 게 아니라 겨울 휴식을 취하는 것이다. 곰은
심지어 겨울 휴식 동안 새끼를 낳기도 한다. 거의 완전한 무감각 상
태에서 추운 계절을 견뎌내는 진짜 겨울잠을 자는 동물이라면 상상
할 수도 없는 일이다. 그런데 겨울 휴식을 취하는 곰을 방해했다간
큰일 난다. 순식간에 위험한 적과 마주하게 되기 때문이다.

곰팡이는 건강에 해롭고 암을 유발

한다? 물론 이런 악마 같은 곰팡이도 있다. 많은 아스페르길루스
(누룩곰팡이류—옮긴이) 종이 암을 유발할 수 있는 아플라톡신을 만
든다. 이들은 잘못 저장된 곡식을 아플라톡신으로 감염시킬 수 있
다. 신장에 해를 끼칠 뿐만 아니라 역시 발암물질이라는 혐의를 받
고 있는 오크라톡신은 잘못 취급한 커피에서 발견되었다. 곰팡이가

피기 시작한 땅콩도 버리는 게 상책이다. 그렇다고 해서 곰팡이가 항상 나쁜 역할만 하는 것은 아니다. 곰팡이는 수백만에 이르는 사람들의 목숨을 구하기도 했다. 푸른곰팡이 페니실륨 덕분에 우리는 이 곰팡이의 이름을 딴 최초의 항생제인 페니실린을 갖게 되었다. 그리고 어떤 치즈 애호가가 카망베르와 로크포르 없는 식탁에 앉고 싶겠는가? 이 치즈들은 또 다른 종류의 페니실륨으로 만들어지므로 푸른곰팡이들은 당장이라도 '고귀한 곰팡이'라는 칭호를 달아도 될 것이다.

모든 공룡이 어느 날 갑자기 멸종

했다? 6,500만 년 전에 백악기를 마지막으로 중생대가 끝났을 때 어떻게 해서 그 많던 공룡이 그렇게 간단히 사라져버렸을까? 어쨌든 1억 5,000만 년이나 성공적으로 생존해 왔고, 멸종 바로 직전에는 그 어느 때보다 많은 속屬이 살고 있었는데 말이다! 공룡, 익룡, 사우롭테리기아와 모사사우루스(해양 파충류—옮긴이), 많은 식물과 무척추동물(암모나이트와 벨렘나이트 등), 단세포인 해양 플랑크톤 등의 불가사의한 멸망을 둘러싸고 기이한 이론들이 난무하고 있다. 전 세계적으로 많은 발굴지에서 백악기와 신생대 제3기의 지질학적 경계면에서, 지표에는 드물지만 운석 먼지 속에는 수천 배나 많이 들어 있는 원소인 이리듐이 농축된 얇은 층이 발견된 이래로 우리는 앞서 언급한 생물들의 떼죽음을 설명하는 마음에 드는 이론을 갖게 되었다. 이 이론에 따르면 어떤 천체가 지구에 충돌했다. 그 엄청난 충격은 굉장히 많은 먼지를 일으켜 하늘은 몇 달 동안이나 먼지 구름으로 뒤덮였고, 지상은 암흑의 세계였다는 것이다. 그 결과 환경이 매우 급격하게 변해서 공룡뿐만 아니라 많은 생물들이 거의 하루아침에 멸종해 버렸다는 말이다. 하지만 유감스럽게도 운석이 공룡의 멸종 문제를 전부 설명해 주지는 못했다. 해양 플랑크톤이 실제로 어느 정도 갑작스럽게 사라진 반면에 공룡의 멸종은 장기간에 걸쳐 진행되었다는 흔적들이 남아 있기 때문이다.

예를 들어 바다에서 살았던 성공적인 모델인 이크티오사우루스(어룡)는 운석과의 대충돌이 있기 수백만 년 전에 이미 사라졌고, 다른 종들도 멸종해 가는 상태였다. 그리고 공룡의 친척인 파충류들은 이 사태를 완전히 비껴간 듯하다. 악어, 거북과 도마뱀은 공룡의 멸망에 별 영향을 받지 않았다. 그러므로 대변동 이론Catastrophe Theory은 비록 예나 지금이나 우리가 내세울 수 있는 최고의 이론이지만, 세부적으로는 보완이 필요하다.

공룡은 석기 시대인과 동시대에 살았다?

〈고인돌 가족 플린스톤〉, 아서 코난 도일의 유명한 소설 『잃어버린 세계』 또는 스티븐 스필버그의 〈쥐라기 공원〉 등에도 불구하고 인간과 공룡은 유감인지 또는 천만다행인지 모르지만 한 번도 직접 대면한 적이 없다. 공룡은 6,500만 년 전인 백악기 말에 사라졌다(공룡, 54쪽

참조). 그 당시에는 인간이 뭔지 아무도 몰랐다. 아직 원숭이와 굉장히 비슷했던 우리 선조가 두 발로 걷기 시작한 지는 이제 겨우 500만 년이 지났을 뿐이다. 그 이후 서로 상이한 종인 오스트랄로피테쿠스*Australopithecus*와 파란트로푸스*Paranthropus*가 일부는 동시대에, 또 일부는 연이어서 아프리카에서 살았다. 현생 인류의 속屬인 호모*Homo*로의 이행은 역시 아프리카에서 약 200만 년 전에 이루어졌다. 호모 사피엔스*Homo sapiens*라고 불리고 오늘날 이 지구를 점령하고 있는 종을 비로소 인류라고 간주한다면 인류의 역사는 겨우 10만 년 전에 시작되었다고 할 수 있다.

공룡은 지구에서 가장 큰 동물이었다?

사실 이 중생대의 거구에 필적할 만한 육지 동물은 현재 아무도 없다. 길이 26미터, 키 12미터, 몸무게 50톤으로 가장 크고 가장 무거운 공룡으로서 완전한 형태로 발굴된 브라키오사우루스*Brachiosaurus* 옆에 서면 거대한 아프리카코끼리 수놈조차도 귀여워 보일 정도다. 녀석은 '겨우' 키 3.7미터에 몸무게 7.5톤에 불과하니 말이다.

그러나 바다에서는 사정이 다르다. 오랫동안 아무도 흰긴수염고래를 따라가지 못할 것처럼 보였다. 최대 길이 33미터인 흰긴수염고래는 지구상에서 살았던 동물들 중에서 가장 큰 동물로 여겨져 왔다. 하지만 지난 몇 년간 새로 발견된 공룡 화석들 때문에 이제까지의 믿음이 점점 의심스러워지고 있다. 파라리티탄*Paralititan*, 수퍼사우루스*Supersaurus*, 울트라사우루스*Ultrasaurus*, 세이스모사우루스

Seismosaurus 등 이름만 봐도 벌써 한계를 모르는 듯하다. 최대 길이 50미터, 최대 높이 20미터, 최대 체중 80톤이었다고 한다. 하지만 아직까지는 이런 거대 공룡들의 거대한 뼈 몇 개밖에는 더 이상 발견된 것이 없기 때문에 이런 수치들은 추정과 견적에만 바탕을 두었을 뿐이다. 체중 부문에서는 흰긴수염고래의 기록이 당분간은 깨지지 않을 듯하다. 흰긴수염고래는 몸무게가 100~130톤으로, 긴 목과 꼬리 덕분에 크기로는 아마 녀석을 능가했을 거대 공룡들보다 더 무겁다.

그건 그렇고 기록을 좇는 데 바빠서 결코 모든 공룡이 다 크지는 않았다는 사실이 자주 간과된다. 가장 작은 공룡들은 몸집이 겨우 닭만 했다.

DNA만 있으면 공룡을 다시 만들 수 있다?

그다지 설득력 없는 줄거리에도 불구하고 공룡들의 숨막히는 활약으로 인해 잊혀지지 않는 영화 〈쥐라기 공원〉에서 과학자들은, 나무진에 갇혀 호박琥珀 속에 보존되기 직전에 모기가 공룡에게서 빨아 먹은 피에서 이 거대한 파충류의 DNA를 획득했다. 과학인가 공상과학인가? 요즈음 우리는 생명공학자와 유전공학자들을 거의 전능한 존재로 생각한다. 하지만 유전물질인 DNA는 매우 복잡하고 아주 섬세한 거대 분자이다. 5만 년쯤 된 네안데르탈인의 유골에서 현생 인류의 유전물질과 비교해 볼 수 있는 흔적을 발견하는 데 성공했다는 것만도 이미 충분히 놀라운 일이다(네안데르탈인, 84쪽 참조). 하지만 티라노사우루스 렉스*Tyrannosaurus rex*의 시대로 가려면 약 7,000만 년을 건너뛰어야 한다. 아무리 보존 조건이 훌륭하다 해도 그렇게 긴 시간은 어떤 DNA도 견뎌내지 못한다. 다양한 종種을 비교하는 데는 유전물질 자투리만으로도 충분하다. 하지만 완전한 유전물질이 없으면 티라노사우루스는 절대 부활할 수 없다. 유감이다!?

공룡은 멸종했다? 6,500만 년 전에 이 거대한 파충류의 지배가 끝났다는 것은 자명한 사실인 것처럼 보인다. 아니면 혹시, 그게 아닌가? 물론 티라노사우루스, 브라키오사우루스, 트리케라톱스*Triceratops* 그 밖의 다른 모든 공룡들의 시대는 영원히 끝나버렸다. 하지만 이들 공룡의 작은 곁가지는 현대까지 살아남은 듯하다. 바로 조류鳥類이다. 하필이면 그런 연약한 경량급들이 중생대 거구들의 후손이라고? 우리는 작은 공룡들도 있었다는 사실을 너무나 자주 잊어버린다. 최초의 새로 알려진 시조새 아르케옵테릭스*Archaeopteryx*는 작은 공룡의 골격과 세부 사항까지 놀랄 만큼 유사한 골격을 가지고 있다. 단지 당황스러운 점은 유연類緣(계통발생상 형상, 성질 등에 가까운 연고가 있는 것—옮긴이) 관계라고 짐작되는 공룡들에게는 전부 쇄골이 없었던 것 같다는 사실이다. 반면에 조류에게는 쇄골이 있다. 새의 쇄골은 앞가슴에 있는 V자형의 뼈인 차골로 진화했다. 하지만 부정적인 증거는 별로 쓸모가 없다. 고생

물학에서는 발굴된 뼈나 흔적 하나하나가 여기에 뭔가가 존재했다는 것을 증명해 준다. 하지만 뭔가가 존재하지 않았다는 것은 누가 입증하겠는가? 발굴되는 화석들은 매우 불완전해서 매번 깜짝 놀랄 일이 있을 수 있다는 것을 염두에 둬야 한다. 쇄골이 있는 작은 공룡들의 화석은 그런 놀라운 일 중 하나였고, 이로 인해 이런 기묘한 계통에 대한 많은 의심들이 해명되었다.

하지만 이런 계통 분류가 논란의 여지가 전혀 없는 것은 아직 아니다. 특히 조류학자들은 조류가 깃털이 생겼고 공중으로 떠올랐던 육상 공룡의 후손이라는 생각에 대해 의구심을 갖고 있다. 시조새의 발 구조뿐만 아니라 좁고 구부러지고 뾰족한 발톱 역시, 최초의 새로 알려진 새들이 나무 위에서 움직였고, 최초의 비행은 아래에서 위로 펄쩍 뛰어오른 것이 아니라 오히려 위에서 아래로 활강하면서 이루어졌다는 추측을 뒷받침해 주기 때문이다. 게다가 시간상의 문제도 있다. 새와 비슷한 공룡들은 전부 시조새보다 수백만 년 뒤에 등장했으므로, 결코 시조새의 조상이 될 수 없기 때문이다.

이런 흥미진진한 유연 관계와 계통에 관한 논쟁은 지금까지 완결되지 않았고, 새로운 화석이 발굴될 때마다 다시 불이 붙는다. 새가 깃털을 단 공룡이냐 아니냐 하는 문제는 과학자들을 한동안 더 바쁘게 할 것이다.

공룡은 파충류였고, 따라서 변온동물이었다? 첫번째 진술은 맞지만, 두번째 것은 현생 파충류를 근거로 한 성급한 추론이라고 할 수 있다. 하지만 어쩌면 체온이 정말 외부 온도에 따라 달라졌을지도 모르는 최후의 공룡이 죽은 지 6,500만 년이 지난 지금에 와서 이런 질문들에 대한 대답이 과연 가능할까? 고생물학자들은 범죄수사학적 육감을 총동원해서 간접 증거들을 수집했다. 예를 들어 냉혈동물들의 뼈가 추운 겨울보다 더운 여름에 더 빨리 자란다는 사실을 확인했다. 이로 인해 뼈에 나이테가 생기는데, 온혈동물들은 이런 나이테가 없고 공룡도 마찬가지다. 또한 뼈에 혈관이 집중적으로 분포되어 있다는 점에서도 공룡은 오히려 포유류와 비슷하다. 게다가 많은 공룡들이 추운 북쪽이나 남쪽에서 살았기 때문에 녀석들이 변온동물로서 긴 겨울을 한랭 경직 상태로 보냈을 것이라고는 거의 상상하기 힘들다. 오늘날에도 단지 소수의 작은 파충류만이 멀리 북쪽까지 진출해 있고, 몸집이 큰 종들은 주로 열대 지방에서 돌아다니고 있다. 이런 여러 가지 증거들이, 극도로 나태한 냉혈동물로 추정되는 과거의 복원품들에 반해, 공룡이 아주 활동적인 온혈동물이었다고 생각하는 많은 과학자들의 의견을 뒷받침해 주고 있다.

광대버섯은 파리를 유인한다?

이 유명한, 흰 점들이 난 붉은 버섯을 특히 애호했던 건 파리가 아니라 마법사들이었다(광대버섯Fliegenpilz의 독일어명과 영어명을 직역하면 '파리버섯'이고 우리나라에도 붉은파리버섯이라는 별칭이 있다—옮긴이). 옛날 약초 서적들이 이 버섯을 파리 잡는 약으로 권했기 때문에 파리(라틴어로 무스카Musca)가 학명인 아마니타 무스카리아*Amanita muscaria*에 영원히 남게 되었다. 광대버섯은 독 혼합물을 함유하는

데, 여기서는 무스카린보다 환각을 일으키는 물질인 이보테닉산酸이 더 중요한 역할을 한다. 다시 말하면 광대버섯은 약물로 이용되거나 악용될 수 있는데, 벌써 오래 전부터 약물로서 중요한 역할을 해왔다. 시베리아에서는 무당들이 광대버섯을 이용했고, 중세 암흑기에도 약초에 정통한 '마녀'들이 광대버섯 덕분에 아마도 황홀한 '소풍'을 즐겼을 것이다. 마녀들이 설령 빗자루를 타고 굴뚝에서 나오지는 못했다 하더라도, 이 버섯 마약이 심리적인 고공비행은 가능하게 해주었을 것이다. 관용어가 되어버린 '베르세르크의 광분'(베르세르크는 중세 때 스칸디나비아와 게르만의 역사와 민속에 등장하는 사나운 전사의 무리로 점령지에서 강간과 살인을 일삼아서 '광포한 berserk'이라는 말의 유래가 되었다—옮긴이)은 그들이 광대버섯을 먹고 집단적으로 환각 여행을 한 결과라는 말도 있다. 대부분의 향정신성 약물이 범죄시 되는 오늘날 많은 사람들이 합법적인 대안을 찾기 위해 고민했고 광대버섯으로도 실험을 했다. 말린 광대버섯을 먹거나, 갓의 껍질을 벗겨 피우거나, 진짜 광대버섯에 의한 도취 상태를 방금 겪은 사람의 소변을 마시는 경우도 있다. 하지만 그들의 경험담을 들어보면—다른 모든 마약과 마찬가지로—광대버섯에서도 빨리 손을 떼는 게 현명한 처사라는 것쯤은 쉽게 짐작할 수 있다.

광대수염과 쐐기풀은 근연종이

다? 광대수염과 쐐기풀의 유일한 공통점은 각진 줄기와 앞은 뾰족하고 가장자리에는 톱니가 있는 커다란 잎뿐이다. 비슷한 외양이 근연 관계를 나타내는 표시는 아니다. 식물의 경우 근연 관계는 대개 꽃의 구조에서 나타나는데, 바로 이 점에서 광대수염과 쐐기풀은 가장 큰 차이를 보인다. 광대수염은 방대한 꿀풀과(순형과)에 속한다. 광대수염의 윗입술꽃잎과 아랫입술꽃잎으로 나뉜, 눈에 띄는 색깔의 꽃은 어서 내려앉으라고 뒤영벌과 꿀벌을 초대한다. 반면에 쐐기풀은 아주 수수한 녹색의 개개의 꽃들이 한층 더 수수하고 촘촘한 꽃차례를 이루고 있고 가루받이는 바람에게 맡긴다. 쐐기풀 종들은 독자적인 과를 형성하고 홉, 삼과 근연 관계이다. 하지만 꽃을 보지 않고서는 그런 사실들을 알기 힘들다. 큰 키의 쐐기풀은 양분이 풍부한 곳에서 매우 빽빽하게 들어서서 자란다. 긴 기는줄기가 밀집된 서식과 신속한 확산을 가능하게 해준다. 쐐기풀의 잎은 암녹색이고 좁은 편이며 끝은 길쭉하게 빠졌다. 줄기에는 세로로 홈이 나 있고 섬유질이 많다. 그래서 우리 조상들에게 쐐기풀은, 어떤 경우에라도 퇴치해야 할 '잡초'인 동시에 중요한 직물 원료이기도 했다(쐐기풀, 188쪽 참조).

반면에 광대수염은 줄기가 네모졌다. 잎은 쐐기풀보다 덜 뾰족하고 털이 났다. 키가 그리 많이 자라지 않고 다른 식물들은 전부 죽게 만드는 배타적인 군락群落(생육 조건이 같은 식물이 어떤 지역에 떼지어 서식하고 있는 것—옮긴이)은 형성하지 않는다. 혹시 그래도 구분이 되지 않는다면 태워보는 방법이 남아 있다.

굼벵이무족도마뱀은 눈이 멀었

다? 굼벵이무족도마뱀(독일어명은 블린트 슐라이허Blindschleiche인
데 장님도마뱀이라는 뜻이다. 영어명은 블라인드 웜blind worm이다—
옮긴이)은 눈이 멀지 않았다. 이런 오해는 녀석의 원래 이름이 잘
못 해석되었기 때문이다. 수백 년 전에 굼벵이무족도마뱀은
금속성으로 반짝이는 피부 덕에
'플린츠리코Plintslico'라는 이
름이 붙었는데, '눈이 부시
게 하는 기어다니는 자
Blendender Schleicher'라는 뜻이
었다. 굼벵이무족도마뱀은 여기에서 유래한 이름이다. 그런데 이 도
마뱀은 눈보다는 후각으로 먹이를 찾는다. 끊임없이 혀를 날름거리
는 것이 방향물질을 포착하는 데 도움이 된다. 그런 식으로 민달팽
이와 지렁이, 곤충들의 위치를 알아내서 잡아먹는다.

굼벵이무족도마뱀은 뱀이다?

"내 눈을 들여다보렴, 꼬마야." 착한 꼬마는 아마 굼벵이무족도마뱀
의 깜박이는 두 눈을 볼 수 있을 것이다. 반면에 뱀은 전형적인 고정
된 눈빛을 갖고 있다. 뱀은 눈꺼풀이 없기 때문에 눈을 깜박이지 못
한다. '상냥한' 표정은 굼벵이무족도마뱀이 단지 다리가 없을 뿐 도
마뱀류라는 사실을 폭로해 준다. 다리가 없는 파충류라고 해서 전부
뱀은 아니다. 다시 말해 도마뱀들 사이에서 굼벵이무족도마뱀이 유

일한 '가짜 뱀'은 아니다. 발이 없는 도마뱀은 계통발생 과정에서 서로 독립적으로 여러 차례 발생했다. 도마뱀류의 17개 과 중에 6개 과에서 다리가 퇴화한 종이 발견된다. 실제로 많은 도마뱀들이 겉으로는 아주 작은 다리 동강만을 갖고 있다(예를 들어 남유럽의 칼키데스 칼키데스*Chalcides chalcides*가 그렇다). 반면에 굼벵이무족도마뱀의 경우처럼 겉으로는 더 이상 보이지 않는 견갑대와 골반대의 잔재를 확인하려면 투시력이 필요하다. 그렇다면 이들은 언제 다리를 포기한 보람을 느낄까? 땅속에서 사는 도마뱀에게는 뱀의 형태가 유리할 것이고, 울창한 수풀 사이를 헤집고 다니는 도마뱀도 마찬가지일 것이다. 그런데 이 굼벵이무족도마뱀이 바로 그러고 다닌다.

귀가 큰 동물은 더 잘 듣는다? 커

다란 귓바퀴는 무시할 수 없는 청력 보조장치이다. 손바닥을 둥글게 모아 귓바퀴를 크게 만들어서 쉽게 시험해 볼 수도 있다. 그렇게 하면 작은 소리가 더 잘 들리고 소리가 난 방향 파악도 훨씬 쉬워진다. 그렇기 때문에 청력이 좋은 동물은 실제로 귓바퀴가 큰 경우가 많은데, 이를테면 박쥐는 정밀한 반향 정위장치로 방향을 파악한다. 소리가 나면 그것의 반향을 붙잡아 그걸로 주변 환경(또는 사냥감의 종류)에 대한 아주 정확한 결론을 내린다. 돌고래도 똑같은 방법을 쓴다. 하지만 돌고래의 귀를 찾기란 결코 쉽지 않다. 고래류는 모두 귓바퀴가 전혀 없기 때문이다. 완벽한 유선형 몸을 위해 귓바퀴는 희생되었다. 돌고래의 경우 외이도 역시 별로 중요한 역할을 하지 않는 것 같다. 음향은 다른 경로를 거쳐 내이에 도달하는 것으로 보이는데, 아마도 아래턱뼈를 통과하는 듯하다.

그러나 귀가 큰 동물이 다 소리를 잘 듣는 것은 아니다. 귀가 가장 큰 동물인 아프리카코끼리는 거대한 귓불을 소리를 고으는 데 쓰지 않고 냉각기로 사용한다. 녀석은 부채 같은 귀를 흔들면서 아프리카 의 뙤약볕 아래 서 있다. 아프리카코끼리는 일사병을 방지하기 위해 많은 양의 피를 귓불 뒷면의 굵은 혈관으로 보내고 피는 거기서 약간 식혀진 다음 몸통으로 되돌아온다.

균류는 식물에게 해를 끼친다? 기생

균류는 애써 가꾼 장미들이 흰가루병에 걸려 고생하는 것을 지켜보는 아마추어 원예가에게 근심을 안겨줄 뿐만 아니라, 세계 식량공급을 책임지고 있는 몇몇 식물 종에게 매년 심각한 피해를 가져다준다. 반면에 살진균제, 화학 멸균제 제조업자들에게는 그만큼의 이익을 안겨준다. 유럽 최후의 대규모 기근은 기생균인 감자균 때문에 발생했는데, 1845년에서 1847년까지 계속된 이 기근으로 100만 명의 아일랜드인들이 목숨을 잃었고, 200만 명이 미국으로 이민을 떠났다. 그들의 후손인 케네디나 레이건이 대통령이 되었으니, 이는 늦었지만 감자균 덕분이다. 사람도 기생균으로 인한 피해에서 자유로울 수 없다. 무좀과 칸디다균 감염은 아무도 반기지 않을 것이다.

그런데 동전의 다른 한쪽 면은 흔히 간과된다. 많은 균류가 떨어진 나뭇가지나 낙엽 같은 죽은 생물의 분해를 주업두로 한다. 이로써 균류는 자연계에서 재생자로서 누구도 무시할 수 없는 역할을 한다. 균류는 다른 유기체들과의 협력도 좋아한다. 예를 들어 균류가 녹조나 시아노박테리아와 공조해서 생긴 것을 지의류라고 부른다 (지의류, 219쪽 참조). 또 균류는 식물과도 공조하는데 이 경우 그 결과물을 균근mycorrhiza이라고 부른다. 도관식물의 95퍼센트가 균류와 공조하는데, 균류는 식물의 수분과 영양분 섭취를 도와주고 그 대가로 자신은 광합성 산물을 얻는다. 서로 이익이 되는 이런 협력 관계를 공생이라고 부른다.

마지막으로 요리와 관련된 면을 보자. 금의 가치에 맞먹는다는 송로버섯truffle까지 예로 들 필요는 없다. 아마 버섯 오믈렛만으로도 충분할 것이다. 아니면 푸른곰팡이가 핀 치즈나 꽈배기 또 필젠맥주도 있다. 호모균이 없으면 맥주도 없으니까.

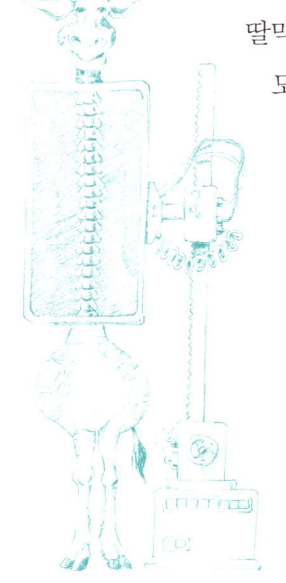

기린은 포유동물 중에서 경추가 제일 많다? 다른 동물군에서는 맞는 원칙—목이 길수록 척추도 많다—이 포유류에게는 적용되지 않는다. 포유동물은 땅딸막한 두더지에서 목이 긴 기린에 이르기까지 거의 모든 종이 일곱 개의 경추(목등뼈)를 가지고 있다. 그래서 기린 목의 유연성에는 한계가 있다. 척추가 많은 백조 목의 뱀 같은 우아함을 기린은 절대 흉내낼 수 없다. 그런데 극히 드물긴 하지만 이 일곱 개라는 규칙에도 예외는 있다. 바다소류에 속하는 매너티는 경추가 여섯 개이고 두발가락나무늘보도 마찬가지다. 대신 세발가락나무늘보는 경추가 아홉 개이다.

기생충은 자신의 숙주를 죽인다?

사람들과 기생충의 관계는 돈과의 관계처럼 은밀하다. 갖고는 있어도 거기에 대해 말하지는 않는다. 기생충처럼 그렇게 혐오스러운 존재로 인식되고 당연한 듯 원망과 차별을 당하는 생물은 별로 없다. 그런데 그렇게 불행한 처지에서도 끈질기게 살아남는 그들의 능력은 사실 존경받을 만하다. 그렇다. 우리는 심지어 기생충들에게서도 뭔가를 배울 수 있다. 1992년의 리우 환경회의 이래로 지속 가능한 개발Sustainable Development'이 환경과 경제를 화해시키그자 하는 사람들의 슬로건이 되어왔다. 이 개념은 기생충들에게는 전혀 새로운 것이 아니다. 제대로 된 기생충이라면 정확히 이 원칙에 따라 처신하기 때문이다. 기생충은 지나친 혹사로 인해 숙주가 심하게 고통받지 않는 범위 안에서 숙주를 이용한다. 숙주의 죽음은 동시에 '손님'인 자신의 생활터전을 앗아가기 때문이다. "나도 살고 너도 살자"가 녀석들의 표어다. 아주 매력적인 모델의 피지선에도 예의 없이 기거하는 모낭충, 별다른 피해를 주지 않고 장腸에 사는 요충 또는 몇몇 촌충이 이런 예들이다.

심지어 길이 1센티미터 정도인 요충Enterobius vermicularis에 이따금 감염되는 것은 어떤 점에서는 유익하기까지 하다. 의학자들은 이 위험하지 않은 기생충이, 유아기부터 온갖 불청객들과의 싸움을 통해 비로소 조금씩 전투력을 키워가는 우리의 면역체계에 훌륭한 훈련 상대가 되어준다는 사실을 확인한 바 있다. 그러니까 아이들이 유치원이나 놀이터에서 기념품으로 기생충을 데리고 오더라도 겁먹을 일이 아니다.

하지만 기생충들이 자신의 숙주를 소중히 다룬다는 규칙에 수많은 예외가 있다는 사실을 굳이 숨기진 않겠다. 기생성 원생동물에서 기인하는 열대병인 말라리아에 매년 수백만 명이 희생된다. 병에 걸린 사람이 죽었을 때는 이미 많은 병원체들이 전용기인 학질모기를 타고 새로운 희생자를 찾아 이동 중이다. 독일에서는 당국의 철저한 식용육 검사 덕분에 선모충이 근절된 이후로 이런 심한 기생충 질환은 드물어졌다. 사람들이 두려워하는 다방조충 감염은 흔치 않은 '자연의 실수'로 밝혀지고 있다. 이 기생충은 보통 유충이 기생하는 쥐와 그 쥐를 잡아먹어 어린 조충의 숙주가 된 여우 사이를 왕래한다. 다방조충의 알이 쥐 대신 사람의 몸 속으로 들어가면 치명적인 결과가 발생할 수 있다. 암처럼 번성하는 유충 조직은 매우 심각한 질병을 유발한다. 그런데 이 관계는 조충에게도 불행한 것이다. 녀석에게 사람은 막다른 골목이기 때문이다.

까마귀는 나쁜 부모다?

까마귀의 보금자리는 언제나 아늑한 분위기를 풍긴다. 겨울이 끝날 무렵이면 벌써 새끼들이 알을 깨고 나오지만 몸을 따뜻하게 해주는 부모가 있고 포근한 쿠션이 깔린 둥지 안이라면 혹한도 문제없다. 진짜 추울 때면 암컷은 먹이를 줄 때도 거의 일어나지 않고 새끼들을 주워 모은 털과 모피 조각으로 만든, 지나칠 정도로 깨끗한 쿠션 속에 폭 파묻어 놓는다. 반대로 더울 때면 어미 까마귀는 냉방을 실시한다. 어미는 목욕을 해서 흠뻑 젖은 자신의 깃털로 새끼들을 쾌적하게 해준다. 까마귀 가족은 어린 새들이 자립할 때까지 석 달 동안 같이 사는데,

막판에는 그 도가 조금 덜해지긴 하지만, 그 동안에는 부모의 정성
스러운 육아가 계속된다. 까마귀 부모라고? 제대로 알아들었다면
그 말은 칭찬이다!

까마귀는 불길한 새다? 까마귀는 어느

누구의 마음도 움직이지 못한다. 새까만 색, 무시무시한 울음소리와
썩은 고기에 대한 집착은 그 동안 까마귀에 대한 평판을 좌우해 왔
다. 까마귀는 미신 속에서 큰 역할을 한다. 고대로부터 까
마귀만큼 자주 이야기와 전설, 성담의
소재가 된 새는 거의 없다. 그리스이
건 로마이건 게르만이건, 까마귀는
모든 문명의 신화 속을 어슬렁거린
다. 고대 로마에서 미래를 예언하
기 위해 쳤던 새점ⵣ에서는 까마귀
가 왼쪽에서 오면 불행을 의미했으
며 근대까지도 일부 지역에서는 이
런 전조를 믿었다. 게르만족의 최
고 신인 오딘은 항상 두 마리
의 까마귀 후긴과 무닌의
수행을 받았는데, 이들은 오딘의
어깨에 앉아 있었고 매일 정보원으로 세상에 파견되었다. 이 까마귀
들은 늑대들(오딘의 발치에는 항상 늑대 두 마리가 있었다고 한다―옮
긴이)과 함께 전사한 사람들의 장례도 관장했다. 날씨, 전쟁, 불길한

예언들을 까마귀와 연관 짓거나 까마귀를 마녀나 악마의 심복으로 묘사한 이야기들은 이루 헤아릴 수 없을 정도로 많고 지방마다 변형도 많다.

물론 까마귀는 불행을 가져오지 않는다. 그러나 자연재해이든 인재이든 비극에는 까마귀가 동반자일 때가 많다. 사체의 썩은 고기를 먹는 이 동물은 형장, 묘지, 전장의 새, 교수대의 새이자 사체의 물건을 훔치는 자로 대부분 좋지 못한 시절과 연관 지어졌다. 당연한 일이다. 다만 흔히 있는 일이지만, 사람들은 원인과 결과를 혼동했을 뿐이다.

까치는 정원의 약탈자다? 정원에서 한바탕 소동이 벌어진다. 검정지빠귀 부부가 큰 소리로 호통을 치면 칠수록 까치는 점점 더 호기심이 생겨서 덤불 속을 수색한다. 녀석은 결국 원하던 것을 찾아내고 검정지빠귀 둥지는 약탈당한다. 새매(매과의 텃새로 작은 새나 병아리, 쥐 따위를 잡아먹는다—옮긴이)가 드디어 '새 살생자' 노릇을 그만둔 후 우리는 새로운 적을 맞게 되었다. 심지어는 일부 자연보호론자들조차도 까치에게 도전장을 내려 하고 있다. 사태의 진상은 이렇다. 원래 탁 트이고 군데군데 수풀이 있는 곳에서 살던 까치는 지난 수십 년 동안 점점 더 많은 수가 마을로 이주해 왔다. 반면 마을 바깥에서는 까치의 개체수가 늘지 않고 줄어드는 경우가 많다.

먹이와 관련해서 까치가 기회주의자라는 말은 사실이다. 봄이면 알과 어린 새들이 비록 주요리가 아니라 후식이기는 하지만 어쨌든 까치의 식탁을 풍성하게 해준다. 그래서 까치들이 몇몇 지역을 모조리 쓸어버린 경우도 있다. 특히 검정지빠귀들이 까치에게 괴롭힘을 당한다. 그런데 신기하게도 검정지빠귀의 수는 결코 줄지 않고 있다. 오히려 정반대다! 그러니 까치의 생사를 두고 결정을 내리기 전에, 이런 경우 전혀 도움이 되지 않는 감정은 옆으로 치워버리고 대신 과학을 믿어야 한다. 독일 북부의 어느 도시에서 몇 년에 걸쳐 실시된 개체수 조사에서 까치의 개체수가 계속 증가하는데도 명금류鳴禽類(참새목에 속하는 새들의 총칭 ―옮긴이)의 서식밀도는 결코 낮아지지 않고 오히려 똑같이 높아졌다는 의외의 결과가 나왔다.

많은 새 애호가들이 명금류들이 감소했다고 한탄하게 된 이유는 아마도 이들이 더 이상 공개적으로 알을 품지 않고 숨어서 하게 되었기 때문일 것이다. 따라서 괜히 명금류의 안위를 걱정하며 집단적으로 까치를 공격할 이유는 전혀 없다.

꽃은 꿀로 동물들을 유인한다? 꽃은 부지런한 가루받이 담당자에게 줄 사례로 두 가지 통용 화폐를 사용한다. 바로 꽃가루와 화밀이다. 이 꽃에서 저 꽃으로 꽃가루를 운반해 준 대가로 나비와 벌, 딱정벌레와 파리들에게 꽃가루와 화밀이 지불되는데, 열대 지방에서는 새와 박쥐도 한몫 거든다(꽃들 중에는 엉터리로 꾸며 가루받이를 해줄 동물들을 유혹해 놓고 사례는 하지 않는 사기꾼들도 많다는 사실을 숨길 필요는 없을 것이다).

반면에 꿀은 꽃이 주는 사례가 아니라 꿀벌에 의해 비로소 만들어지는 것이다. 꿀의 원료로는 식물의 종류에 따라 8~76퍼센트의 당분을 함유하는 화밀뿐만 아니라 감로甘露도 사용된다. 감로는 식물의 즙을 빨아 먹는 진딧물과 다듬이벌레가 분비한다. 벌들은 이런 약간은 지저분한 재료들을 모아 특히 높이 평가되는 숲 꿀과 전나무 꿀을 만든다. 화밀과 감로를 모은 벌은 집으로 돌아가 이것들을 다른 벌들에게 전달하고, 벌들은 여기에 효소를 섞어 진하게 만든 후 밀폐된 봉방蜂房에 곤궁한 시기를 위한 비상식량으로 저장해 둔다. 독일에서는 꿀벌만이 꿀을 생산한다. 뒤영벌은 '꿀단지'를 다양한 꽃들의 화밀로 채운다.

남극 지방에서는 꽃이 피지 않는다?

몇 킬로미터 두께의 얼음층, 기껏해야 포효하는 폭풍 속에서 알을 품고 있는 펭귄 몇 마리만이 살고 있는 곳. 그게 남극이다. 도저히 꽃이 필 만한 곳이 아니다. 그런데 꽃이 있다. 남극의 꽃을 꺾고 싶다면 그레이엄 랜드(보통 '남극 반도'라고 부른다—옮긴이)로 가야 한다. 그레이엄 랜드는 남극 대륙이 남아메리카 쪽을 향해 뻗어 있는 북쪽 끝 부분이다. 이곳에서는 남극 대륙이 자랑하는 유일한 현화식물(꽃이 피는 식물, 꽃이 피지 않는 식물은 은화식물 또는 민꽃식물이라고 한다—옮긴이) 두 종이 자라고 있다. 풀 종류인 데스캄프시아 안타르크티카*Deschampsia antarctica*와 석죽과 식물인 콜로반투스 퀴텐시스*Colobanthus quitensis*이다. 불과 몇십 년 전에야 처음으로 이 황량한 대륙에 감히 발을 디디기 시작한 인간들의 뒤를 따라 최근에는 몇몇 신참들이 나타났다. 그 중에는 독일에서도 사람들이 사는 곳이면 거의 어디에나 있는 새포아풀과 별꽃이 있다. 그 밖에도 그레이엄 랜드는 350종 이상이나 파악된 지의류와 선태류(75종)들의 땅이다. 그러나 기후 조건이 비교적 유리한 이 반도를 조금만 벗어나면 남극 지방은 사실 99퍼센트가 얼음으로 뒤덮인 황야이다. 얼음이 없는 얼마 안 되는 지역들은 너무 건조해서 소수의 지의류와 선태류외에는 성에만 무성할 뿐이다.

한 가지 덧붙이자면, 남극 대륙이 언제나 이렇게 생존에 불리한 곳은 아니었다. 여기서 발견된 화석들은 옛날에는 이곳도 푸르렀음을 증명해 준다. 지각 이동에 의해 이 대륙이 남극 방향으로 밀려오면서 비로소 꽃피는 생과 작별을 고했던 것이다.

병실에 꽃을 두면 해롭다? 많은 사람들

이 꽃다발은 산소를 다 흡수하기 때문에 밤에는 병실에서 치워야 한다고 생각한다. 실제로 식물들은 밤에는 산소를 생산하는 대신 소비한다(식물, 183쪽 참조). 하지만 그 양은 인간의 산소 소비량과 비교했을 때는 너무 적어서 공기 중의 산소를 희박하게 만들 정도는 아니다. 꽃장식을 병실에서 치워야 하는 진짜 이유는 위생 문제다. 줄기가 잘린 꽃이 든 꽃병 속의 물은 화분의 흙과 마찬가지로 미생물이

득실거린다. 거기에 사는 세균, 단세포 생물 혹은 곰팡이류가 대부분은 해가 없다고 해도 중환자나 금방 수술을 받은 환자들의 건강을 위협할 가능성을 완전히 배제할 수는 없다. 그렇기 때문에 병원균이 침투할 통로를 아예 닫아버리는 것이 상책이다. 그래서 꽃을 밖에 두어야 하는 것이다. 하지만 위생을 그다지 엄격하게 따지지도 않았고, 병자 옆에 꽃을 두는 것을 좋아했던 옛날에도 저녁에는 꽃을 복도에 내놓았다. 대개 복도가 병실보다 시원해서 꽃이 더 오래 갔기 때문이다.

꽃기린은 선인장이다? 이 인기 있는 관상식물은 마다가스카르의 고원 지대가 원산지이고, 그렇기 때문에라도 선인장일 수 없다. 선인장은 전부 아메리카산産이기 때문이다(선인장, 173쪽 참조). 이 식물의 꽃이 자신의 진정한 계통을 말해 준다. 붉은 포엽苞葉(잎의 변태로 꽃의 바로 아래나 가까이에서 봉오리를 감싸서 보호하는 것—옮긴이)들로 둘러싸인 아주 작은 꽃들은 대극과Euphorbiaceae의 매우 전형적인 특징이다. 대극과 식물로는 역시 실내 장식용으로 인기 있는 포인세티아가 대표적이다(포인세티아, 251쪽 참조). 그런데 열대 지방뿐만 아니라 독일 밭둑의 풀밭에서도 대극과 식물들이 자란다. 특히 유명한 것이 처음에는 눈에 띄는 노랑색이었다가 나중에 붉게 변하는 총포엽總苞葉이 달린 오이포르비아 키파리시아스*Euphorbia cyparissias*이다.

나무는 언제나 물에 뜬다? 물을 잔뜩 흡수하면 어떤 나무라도 거의 가라앉는다. 마른 상태에서는 비중이 0.18로 물보다 다섯 배 이상 가벼운 발사나무(중남미 원산의 나무—옮긴이)조차도 그럴 때는 가라앉는다. 하지만 마른 상태에서도 물에 뜨지 않는 특이한 목재도 있다. 이런 목재를 경질 목재Iron Wood라고 한다. 엄청나게 무겁고 단단한 몇몇 나무들의 목재를 이렇게 부른다. 이들 중 일부는 기계로만 가공할 수 있으며, 도기는 아무짝에도 쓸모가 없다. 오늘날 경질 목재는 침목枕木, 전신주, 체조기구와 바이올린 활을 만드는 데 쓰인다. 밀도는 최고 $1.4g/cm^3$로 물 밀도의 거의 1.5배나 된다. 그러니 이 나무들이 돌처럼 가라앉는 것은 당연하다. 그런데도 폴리네시아 인들은 옛날에 그런 나무르 카누를 만들었는데, 그 이유는 내구성이 크기 때문이었다. 폴리네시아 인들에게 이 쇠처럼 단단한 목재의 두번째 용도는 전투용 막대였다.

혹독한 겨울이 오기 전에 **나무**들은 씨를 더 많이 만든다? 나무가 열매를 더 많이 맺고 덜 맺고는 다가올 겨울보다는 지나간 봄에 좌우된다. 꽃가루를 날리기 좋은 날씨—독일 대부분의 숲의 나무들은 바람이 가루받이를 해준다—는 풍성한 열매를 맺기 위한 전제조건이다. 둘론 나무의 상태도 중요하다. 너도밤나무나 크고 양분이 풍부한 씨를 만드는 떡갈나무는 매년 씨를 만드는 데 전력을 다할 수는 없다. 또 수명이 수백 년이 넘기 때문에 그럴 필요도 전혀 없다. 몇 년에 한 번씩 '풍요로운 수확'을 거두면 그것으로 충분하다. 불규칙한 씨의 생산주기는 또 다른 중요한 장점이 있다. 초식성 곤충에 의한 손실을 줄일 수 있다는 점이다. 많은 곤충들이 저마다 특정한 수목의 씨를 주식으로 삼는다. 예를 들어 작은 바구미 종류인 도토리밤바구미는 도토리 속에 육아실을 꾸민다. 도토리 공급이 해마다 많으면 도토리밤바구미에게는 차려놓은 밥상이나 다름없다. 녀석은 많은 양을 확보해 육아실로 이용할 수 있다. 하지만 흉년이 몇 해 이어지면 소수의 바구미만이 번식할 수 있다. 그럼 풍년이 들어 갑자기 도토리가 넘쳐나도 어마어마한 공급량을 이용할 수 있는 바구미는 이미 얼마 없다. 나무가 해충의 계획을 망쳐버린 것이다! 하지만 병든 나무들은 이런 규칙을 지키지 못할 때가 많다. 이런 나무들이 매년 필사적으로 열매를 맺는 것은 드물지 않은 일이다.

나무늘보는 세상에서 가장 게으른 동물이다? 나무늘보의 게으름은 너무나 인상적이어서 사람들은 오직 그 점만 보고 조롱을 퍼부을 정도다. 나무늘보는 미완성품이라는 말도 있고, 가능한 한 불완전하고 그로테스크한 것을 만들어 보려고 한 자연의 장난이라는 말까지 있다. 약 100년 전에 원시림 연구가인 베베는 나무늘보는 1년이 600일인 화성에서라면 더 잘 지냈을 거라고 말했다. 그 밖에도 이런저런 말들이 있다.

예외적이지만 여기서는 오해를 해명하려는 것이 아니다. 나무늘보는 정말이지 상상을 초월할 정도로 게으르다. 하지만 그 게으름은 다 계획적인 것이다. 남아메리카 열대 우림에서의 삶은 겉보기에만 풍요롭고 충만하기 때문이다. 실제로는 영양분이 부족하기 때문에 영양분을 절약하는 것이 필요하고 합리적이다. 나무늘보는 자신이 극도로 에너지를 절약하는 동물임을 보여준다. 녀석의 동작뿐만 아니라 소화와 전체 신진대사마저도 슬로 모션으로 진행되기 때문이다. 체온 유지에 쓰이는 에너지도 절약한다. 나무늘보의 체온은 섭씨 24~33도에 불과하다. 하지만 생명의 위험을 무릅쓰고 겨우 1센티미터씩만 움직이려면 무엇보다도 위장을 잘 해야 한다. 부분적으로는 게으름 그 자체가 하나의 위장이기도 하다. 움직이지 않으면 눈에도 잘 띄지 않는 법이니까. 또 털들의 좁은 틈과 구멍에 살면서 나무늘보의 털가죽을 초록빛이 돌게 만들어 주는 미세한 시아노박테리아(남조)가 위장의 나머지 역할을 담당한다. 그리고 그들의 성공적인 번식은 나무늘보가 옳다는 것을 입증해 준다. 아마존 강 유역에서 나무늘보는 비슷한 몸집의 포유류 중에서 가장 흔한 축에 속한다.

　게으름이라는 전략을 구사하는 또 다른 동물이 있다. 바로 코알라다. 코알라는 거의 하루 종일 나뭇가지 틈에 웅크리고 앉아 있기 때문에 귀여움의 상징으로 사랑받기 전에는 주머니나무늘보 또는 오스트레일리아나무늘보라고 불렸다.

나무좀은 벌레다? 제대로 된 다리가 없는
동물은 졸지에 뱀이나 벌레 취급을 당하기 일쑤다. 다리가 짧아서
딱정벌레류의 작은 유충과 비슷한, 몇몇 빗살수염벌레류의 겨우 몇
밀리미터밖에 안 되는 유충인 나무좀들도 같은 일을 겪었다. 나무좀
은 오래된 목재의 구멍 속에서 사는데 귀중한 골동품 앞에서도 멈춰
서지 않는다. 때때로 작은 나무 부스러기가 흘러나오는 아주 작은 구
멍이 녀석들의 파괴활동을 폭로한다. 나무좀은 다 자란 성충도 목재
구멍 속에서 산다. 이들은 마치 감옥 안의 죄수처럼 두드려서 내는 신
호로 서로 대화한다. 독일어명인 노크딱정벌레Pochkäfer, Klopfkäfer도
여기에서 연유했다. '죽음의 시계Totenuhr'라고 불리는 종은 더 규칙
적으로 두드린다. 가장 흔한 것은 길이가 3~5밀리미터 정도인 아
노비움 풍크타툼*Anobium punctatum*이다.

나방은 밤에만 날아다닌다? 수집가들
은 나비목의 박각시과, 누에나방과, 밤나방과와 자나방과를 나방아
목으로 통합한다. 다시 말하면, 곤봉 모양의 더듬이를 보고 나비임
을 분명히 알아차릴 수 있는 것이 아니면 모두 나방이다. 영어권에
서는 '나비butterfly'와 '나방moth'으로 나눠 둘을 구분한다. 이런 지나
치게 단순한 분류는 나비목 내의 자연적 유연 관계를 제대로 반영하
지 못한다. 또한 이 동물들의 활동 양상에 대해서도 거의 시사해 주는
바가 없다. 나방들 중에는 대낮에 돌아다니는 녀석들도 꽤 있기 때문
이다. 예를 들어 눈에 띄는 초록색, 검정·흰색 또는 검정·붉은색의

알락나방들은 거의가 낮에만 활동한
다. 또 아주 잘 나는 박각시과의 꼬리
박각시도 주행성인데, 녀석은 꽃
이 피기 직전에 벌새처럼 공중
에서 윙윙거리며 날다가 공중
에 뜬 채로 길고 가는 주둥이로
꽃받침에서 화밀을 빨아 먹는다. 그
리고 날개에 있는 그리스 문자 감마 모양의
흰 무늬만 빼고 위장을 위해 온통 갈색인 비녀은
무늬밤나방도 주행성이다.

나비는 화밀만 빨아 먹는다? 아프리
카에서 수많은 다채로운 나비들을 한꺼번에 관찰하고 싶다면 동물
들이 물을 마시는 곳으로 가야 할 것이다. 그곳에 가면 코끼리들 옆
에서 나비들이 주둥이를 물 속에 집어넣고 있어서가 아니다. 그곳에
선 커다란 포유동물들의 오줌 위로 나비들이 구름같이 모여들기 때
문이다. 무기질이 부족한 곳에서는 그것을 얻기 위해 노력해야 한
다. 독일에서도 개나 새의 배설물, 심지어는 동물 사체 위에 나비들
이 모여 있는 모습을 종종 볼 수 있다. 만약 땀을 흘리는 사람에게
나비가 날아들면 그 역시 염분을 노려서이다. 화밀은 거의가 묽은
당액糖液으로만 되어 있어서 필요한 양분을 다 공급하지 못하기 때문
이다.

나이팅게일은 밤에만 노래를 부른다?

나이팅게일이 정말 독일 최고의 가수일까? 특히 저 유명한 '흐느낌'이 심금을 울리긴 하지만 나이팅게일에게는 몇몇 경쟁자가 있고, 그들은 음량, 음색, 독창성에 있어서 녀석에게 뒤지지 않는다. 하지만 개인의 음악적 취향에 대해서는 알다시피 논할 수가 없거나 아니면 토론을 영원히 계속해야 한다. 그런데 나이팅게일의 노래가 더 매혹적인 이유가 밤이라는 특별한 분위기 덕분이라는 것을 늦어도 날이 밝으면 알아차리게 된다. 나이팅게일은 낮에도 결코 입을 다물지 않지만, 그때는 더 이상 넋 놓고 귀 기울이게 만드는 독창자가 아니며, 다른 많은 훌륭한 가수들과의 합창에 동참해야 하기 때문이다.

낙타는 혹에 물을 저장한다?

낙타는 지구에서 가장 덥고 건조한 지역에서 물 한 방울 없이 어떻게든 며칠씩 견뎌내야 한다. 기진맥진한 카라반이 오아시스로 들어서는 모습, 낙타마다 혹이 축 늘어지고 쑥 들어간 것을 보면 물을 저장하는 '배낭' 이야기를 당장 믿게 된다. 사실 낙타는 여러 가지의 물 절약 전략을 가지고 있다. 하지만 그것들은 혹에 있는 물탱크라는 단순한 상상보다 훨씬 정교하다. 농도가 매우 진한 오줌과 바싹 마른 똥이 그 전략 중 하나이고, 변칙적인 체온 조절도 마찬가지다. 낙타는 체온이 섭씨 40~42도가 되어야 비로소 땀을 흘려 수분을 빼앗기기 시작한다. 밤에는 체온이 섭씨 34도까지 떨어진다. 그 밖에도 낙타는 체중의 40퍼센트까지 수분을 상실해도 살아남는다. 사람은 14퍼센트만 잃어도 죽는데 말이다.

　그렇다면 혹은 뭘까? 혹은 물이 아니라 지방으로 가득 찬 에너지 저장장치다. 여분의 지방이 몸 전체에 고루 나뉘져 있지 않고 혹에 집중되어 있기 때문에 피하지방으로 인해 체온이 올라가는 것을 막을 수 있다. 그리고 오히려 반대의 효과를 얻는다. 혹에 저장된 지방이 사막의 강한 햇빛으로부터 낙타를 보호해 줄 수 있다.

낙타는 혹이 두 개다?

결론부터 미리 말하자면 단봉낙타는 혹이 하나뿐이다. 혹이 두 개인 것은 쌍봉낙타라고 부른다. 낙타과는 지구상에 넓게 흩어져 사는 총 4종으로 이루어졌다. 중앙아시아에서는 쌍봉낙타를 가축으로 사육한다. 야생의 쌍봉낙타는 거의 또는 완전히 멸종되었고, 혹이 하나고 다리가 길고 날씬한 아라비아낙타의 조상들도 이미 같은 운명을 겪었다. 단봉낙타는 이제 가축으로만 존재하거나 혹은 오스트레일리아에 서식하는 낙타들의 경우처럼 길들여진 조상을 두었지만 다시 야생화한 후손 이다.

그런데 이제 드디어 혹이 하나인 단봉낙타와 혹이 두 개인 쌍봉낙타를 확실히 구분하는 법을 배운 사람은  뜻밖에도 낙타 자신은 그런 사소한 차이를 전혀 심각하게 생각하지 않는다는 사실에 당황할 것이다. 발정한 단봉낙타 수컷은 서슴없이 쌍봉낙타 암컷도 올라탄다(쌍봉낙타 수컷도 단봉낙타 암컷에게 구애한다). 그런데 이런 부적절한 결합으로 태어난 새끼 역시 생식능력이 있다. 이것은 생물학자들에게는 상이한 종으로의 분화가 분명하게 일어나지 않았다는 증거가 되었다. 또 단봉낙타가 독립적인 종인지 아니면 도태에 의해 발생한 쌍봉낙타의 자손인지 고민할 계기를 마련해 주었다. 두 종은 사실 별로 다르지 않다. 하긴 개들만 봐도 동물의 겉모습이 특수한 사육에 의해 단기간에 얼마나 심하게 변할 수 있는지 조금은 알 수 있다. 마지막으로 덧붙이자면, 쌍봉낙타와 단봉낙타 사이에서 태어난 새끼는 혹이 하나뿐이지만 상당히 길쭉하다. 그리고 남아메리카의 작은 낙타들인 귀여운 비쿠냐와 좀더 튼튼한 구아나코는 혹이 하나도 없으며, 구아나코는 가축인 라마와 알파카의 선조이기도 하다.

날치는 바다 위를 난다? 공중으로 몇 미

터쯤 쏜살같이 지나간다고 해서 진짜 비행이라고 할 수는 없다. 비행사라면 자신의 힘으로 공중에 떠 있을 수 있어야 한다. 새, 박쥐 또는 곤충들은 그렇게 할 수 있지만 날치는 그렇지 못하다. 날치는 물 속에서 엄청나게 가속하여 추진력을 얻은 다음 빠른 속도(시속 약 50~70킬로미터)로 수면을 뚫고 나와서 날개처럼 펼친 가슴지느러미로—몇몇 종은 배지느러미를 보조기구로 사용한다—공중을 난다. 추진력이 다 떨어지면 날치는 다시 파도에 착륙한다. 엄밀히 말하면 비행이 아니라 활공하는 것이다. 이런 활공은 해면 위로 30~40미터 정도 이어진다. 하지만 예외적으로 400미터나 기록한 적도 있다.

반면에 진짜 나는 물고기들이 민물에서 살고 있다. 남아메리카에 사는 자귀어hatchetfish는 카라신과에 속하는 겨우 몇 센티미터밖에 안 되는 작은 물고기인데 배가 심하게 앞으로 불룩 나와 있다. 그 배에는 거대한 뼈조직이 숨어 있다. 뼈에는 매우 강한 흉근이 붙어 있는데, 이 근육으로 길고 좁다란 가슴지느러미를 움직인다. 자귀어는 헤엄칠 때는 이 장비를 거의 쓰지 않는다. 물 속에서는 그다지 활동적이지 않기 때문이다. 녀석들은 대개 꼼짝하지 않고 수면 바로 밑에 숨어서 기다리다가 날아오는 곤충을 잡는다. 하지만 스스로 먹잇감이 되지 않기 위해 위험할 때는 언제든 공중으로 나간다. 녀석들은 가슴지느러미를 격렬하게 치면서 또렷한 윙윙 소리를 내며 고공비행을 위해 이륙한다. 배로 물을 쟁기질하듯 하면서 이 조그마한 나는 물고기들은 급히 돌진한다. 몇몇 종은 실제로 수면에서 떠오르기까지 한다. 위험구역에서 벗어나기 위해 겨우 몇 미터를 날 뿐이라고 해도 자귀어는 진정한 비행사다. 이들의 추진력은 바다의 '나는' 물고기처럼 엄청난 도움닫기가 아니라, 가슴지느러미의 '날갯짓' 덕분이다. 하지만 자귀어는 이런 능력을 갖기 위해 큰 대가를 치러야 했다. 강력한 근육으로 무장된 비행장비가 체중의 4분의 1을 차지한다는 것이다.

네안데르탈인은 현생 인류의 조상이다?

50년 전만 해도 세상은 아직 질서가 잡혀 있었다. 네안데르탈인Neandertaler(1856년 독일 뒤셀도르프 근교의 목가적인 계곡에서 채석 작업 중에 발견되었을 때 그랬듯이 가끔 Neanderthaler라고도 쓰인다)을 비롯해서 그때까지 발굴된 소수의 인류 화석들을 아무 문제 없이 시간 순서대로 배열할 수 있었다. 네안데르탈인은 튼튼한 체격에 약간 둔중한 엉덩이로 느릿느릿 걸으며 홍적세洪績世 때 살았던 현생 인류의 선조로 여겨졌다. 그런데 발굴품들이 많아지고 발생 연대가 확인되면서 그 배열이 복잡하게 뒤엉켜버렸다. 이제 우리는 현생 인류가, 주로 유럽과 지중해 지역에만 집중되어 살았던 네안데르탈인과 거의 동시에 발생했지만 전혀 다른 곳, 즉 아프리카에서 발생했다는 사실을 잘 알고 있다. 현생 인류는 네안데르탈인이 역사에서 영원히 사라지기 직전에 유럽으로 퍼져 나갔다. 이로써 네안데르탈인은 우리의 조상 자리에서 조용히 물러났다. 그 이후 우리의 몸 속에 아주 조금이나마 네안데르탈인의 피가 흐르고 있지는 않은지에 대해 격렬한 토론이 벌어졌다. 그들의 피가 있는가 아니면 없는가? 네안데르탈인이 사라진 지 거의 3만 년이 흐른 지금 두 인류의 교배 가능성과 유전자의 혼합 여부에 대한 핵심적인 질문들은 물론 쉽게 대답을 찾을 수 없다. 두 인류가 수천 년 이상 함께 출현했던 팔레스타인에서는 화석들이 분명한 증거가 되지 못했다. 그러나 오래 전에 죽은 네안데르탈인의 유전자 검사는, 다른 여러 간접 증거들과 마찬가지로 두 인류 사이에서는 유전자 교환이 이루어지지 않았고, 따라서 네안데르탈인과 현생 인류는 실제로 서로 다른 종이라는 점을 암시한다.

노루는 사슴 암컷이다?

사슴은 가지뿔이 있고, 사슴의 암컷인 노루는 뿔이 없다? 그럴듯하게 들리지만, 유감스럽게도 완전히 틀린 말이다. 붉은사슴과 노루는 무스와 순록도 속한 사슴과의 전혀 다른 두 종이다. 사슴과의 경우 수컷은 가지가 난 뿔이 있고, 암컷은 없는 게 원칙이다(순록 같은 몇몇 예외가 이 규칙을 보완해 준다). 독일의 붉은사슴도 마찬가지다. 가지뿔이 없는 붉은사슴 암컷은 히르슈쿠Hirschkuh(독일어로 사슴은 히르슈Hirsch다—옮긴이)라고 부른다. 암수 둘 다 큰 몸집과 길게 빠진 얼굴, 큰 귀와 작은 꼬리로 노루와 구별된다. 수사슴의 거대한 가지뿔에 비해 수노루의 뿔은 빈약하기 그지없다. 수노루는 뿔 하나에 가지가 겨우 3개뿐이다. 반면 위풍당당한 사슴의 경우 가지가 여덟 개, 열 개 또는 열두 개까지 될 때도 있다.

노린재는 피를 빨아 먹는다? "벼룩과 노린재도 전체에 속한다." 괴테가 현실을 체념적으로 노래한 걸까 아니면 그때 벌써 생태학적 연관 관계에 대해 매우 현대적인 통찰을 했던 것일까? 노린재류가 흡혈동물의 이미지를 갖게 된 것은 무엇보다도 밤마다 매트리스 틈에서 꾸물꾸물 기어나와 자고 있는 사람들을 무는 날개 없는 빈대(빈대는 반시류인 노린재목의 빈대과에 속한다―옮긴이) 탓이다. 괴테가 살았던 시대만 해도 이 해충이 널리 퍼져 있었지만 위생상태의 개선이 그들에게 큰 타격을 가했다. 이제 중부 유럽에서 빈대를 찾기는 정말 힘들어졌다. 그러므로 독일에서는 사람 피를 빨아 먹는 노린재를 무서워할 필요가 없다. 하지만 남아메리카를 여행하게 된다면 이들을 조심해야 한다. 녀석들은 샤가스병(브라질수면병이라고도 불리며 남아메리카와 중앙아메리카에서 발생하는 전염병―옮긴이)을 일으키는 위험한 기생충을 옮길 수 있다.

노린재류는 전부 주둥이가 뾰족하다. 하지만 아주 많은 종이 그걸 식물의 수액을 빨아 먹는 데 쓸 뿐이다. 육식성인 노린재 종은 대부분 다른 곤충을 사냥한다. 그래서 몇몇 노린재는 생물적 해충 퇴치에서 중요한 역할을 한다.

인간의 뇌는 동물들 중에서 가장 무겁다? "생각하는 것을 말에게 맡겨라." 이 오래된 속담은 '큰 머리＝큰 뇌'라는 단순한 공식에서 비롯됐다. 그런데 온갖 빈정거림에도 불구하고 완전히 틀린 말은 아니다. 정말로 머리가 큰 동물들이 뇌도 크기 때문이다. 흰긴수염고래는 뇌의 무게가 4,700그램이고 코끼리는 심지어 5킬로그램에 육박한다. 그에 비하건 평균 1,500그램인 인간의 뇌는 거의 보잘 것 없어 보일 정도다. 그건 그렇고 말의 뇌는 고작 590그램이다. 그러니 앞의 속담은 잊어버리자! 그런데 뇌의 무게와 체중을 비교하면 상황이 좀 달라진다. 이 경우 뇌가 체중의 0.007퍼센트밖에 되지 않는 흰긴수염고래는 성즈이 몹시 저조해서 "근육만 있고 머리는 없다"고 비웃고 싶어진다. 코끼리는 0.08퍼센트로 그래도 조금 나은 편이다. 3.2퍼센트를 기록한 쥐가 없었다면 인간은 2~2.5퍼센트라는 자신의 기록을 자랑스러워할 수도 있었을 것이다.

그렇지만 다행히도 우리의 예외적 지위를 정당하게 평가할 수치를 도출해 줄 대뇌화 지수가 아직 남아 있다. 이것은 프유동물 뇌의 다섯 부분 중에서 가장 '현대적인' 부분인 대뇌의 무게를 나머지 네 부분의 무게와 비교하는 것이다. 아주 대략적으로 단순화시켜 말하면 대뇌피질에 오성悟性이 들어 있다. 그리고 이 부문에서 단독 선두는 사람이다. 사람의 대뇌화 지수는 170으로 돌고래(121), 코끼리(104), 다람쥐(6.2)보다 크게 앞서 있다. 하지만 무게와 부피를 너무 맹신해서는 안 된다. 19세기에 저명한 해부학자들은 사람의 뇌 크기를 바탕으로 백인의 유색인에 대한 우위, 남성의 여성에 대한 우위를 과학적으로 증명하는 데 몰두했다. 하지만 지난 수년간 컴퓨터의 발전을 주시해 온 사람이라면 단순한 크기가 능력과 무조건 관계가 있는 것은 아니라는 사실을 잘 알고 있다. 부품의 소형화와 회로의 개선 덕분에 요즘에는 휴대용 전자계산기 하나에, 방 하나를 다 차지했던 1970년대의 대형 컴퓨터의 성능이 다 들어가 있다.

늑대는 사람을 공격한다? 아이들을 훔쳐 가고, 러시아에서는 썰매를 탄 사람들을 뒤쫓아서 죽음으로 몰고, 북아메리카 황야의 모닥불 가에 홀로 앉은 고독한 사냥꾼 주위로 원을 그리며 점점 좁혀 들어오고⋯⋯. 늑대들에 대한 무시무시한 이야기들은 이루 헤아릴 수 없이 많다. 그러나 거의 믿기 힘들지만, 방대한 조사에도 불구하고 늑대들의 인간 사냥의 사례가 기록된 문서는 단 한 건도 없는 것으로 보인다. 두려움을 불러일으키는 한밤의 늑대 울음소리, 어둠의 비호 속에서(우리는 바깥에서는 어차피 마음이 편하지 않다) 작아지는 늑대의 인간에 대한 존중심, 떼를 지어 하는 사냥, 이따금 정말로 끔찍한 방목 가축에 대한 집단적인 공격 등이 늑대의 전설 형성에 크게 기여한 듯하다. 그럼에도 불구하고 늑대 이야기들에는 분명히 진실도 들어 있다. 특히 전시戰時나 전염병이 돌았을 때 늑대들은 먹이를 찾아 '뻔뻔스럽게도' 작은 마을까지 침입해 왔고, 아마도 사체의 물건을 훔치기도 했을 것으로 추측된다.

다람쥐는 혹독한 겨울 전에는 비상식량을 더 많이 모은다? 다람쥐도 그해의 날씨를 예측하지는 못한다. 다람쥐의 겨울용 비축식량의 양은 우선 공급에 좌우된다. 견과, 너도밤나무 열매, 도토리가 많이 열린 해에는 예년보다 더 많은 양을 저장할 수 있다. 만약 열매가 조금밖에 안 열렸으면 이 작은 설치류는 더 노력해야 한다. 설령 어려운 시기를 위해 충분한 대비책을 마련하는 데 실패했다 하더라도 추운 계절에도 먹거리를 제공해 주는 침엽수의 구과毬果(솔방울처럼 목질화된 비늘조각이 여러 겹 포개져서 둥글거나 원추 모양을 이룬 열매—옮긴이)들은 겨울에도 남아 있다. 그래도 식량창고가 가득 차 있으면 먹거리가 여전히 부족한 봄까지 버티는 것이 한결 더 쉬워진다. 겨울에는 하루에 35그램의 먹이로 견뎌내지만 봄이 되면 먹이 필요량이 하루에 80그램으로 겨울보다 훨씬 늘어나기 때문이다. 하지만 겨울에 아무리 조금 먹는다 해도 우선은 모아놓고 봐야 한다. 다람쥐 한 마리가 가을 동안 수천 개의 견과, 너도밤나무 열매, 도토리, 구과를 저장할 수 있는데, 이것은 엄청난 시간과 노력을 요하는 작업이다. 그러니 "다람쥐는 힘들게 먹고산다"(어떤 계획의 실현이 오래 걸리고 힘들다는 뜻—옮긴이)는 독일 격언이 전혀 근거가 없지는 않다.

다족류는 발이 1,000개다?

많은 다족류(독일어명 타우젠트퓌서Tausendfüßer는 '천 개의 발'이라는 뜻이고 학명 미리아포다*Myria-poda*는 '만 개의 발' 또는 '많은 발'이라는 뜻이다—옮긴이) 동물들이 다족류로서의 삶을 소박하게 시작한다. 어떤 녀석들은 아기 때부터 벌써 다리 수를 다 채우고 태어나는가 하면 또 어떤 녀석들은 겨우 여섯 개나 그보다 몇 개 더 많은 다리만 달고 알에서 나온다. 그럴 경우 허물을 벗을 때마다 다리가 달린 체절이 새로 늘어난다. 하지만 독일에서 제일 큰 다족류는 다 자라도 다리가 100쌍이 겨우 넘을 뿐이다. 세계 기록은 약 350쌍, 다시 말해 다리가 700개이다. 따라서 발이 진짜로 1,000개인 다족류는 아직 발견되지 않았다. 반면에 다족류에는 다리가 겨우 아홉 쌍뿐인 몸집이 아주 작은 소각강少脚綱도 포함된다.

단성생식은 없다?

남자들은 그들이 가끔 생각하는 것처럼 항상 아주 중요한 존재는 아니다. 적어도 물벼룩의 세계에서는 그렇다. 이 작은 플랑크톤성 갑각류의 암컷은 수컷의 도움 없이 알을 낳고, 거기서 다시 암컷이 태어난다. 이런 식으로 개체수가 급속도로 늘어난다. 산란기 말기 또는 서식 환경이 나빠졌을 때 비로소 수컷도 태어난다. 수정된 알은 껍질이 두껍고 추위뿐만 아니라 건기도 잘 견뎌낸다. 담수 플랑크톤에 흔한 윤충류도 비슷한 전략을 구사한다. 윤충류 중에는 수컷이 전혀 알려지지 않은 종류도 있다. 마지막으로 예를 들자면(훨씬 더 많은 예들이 있지만) 빽빽하게 무리를 지어 식물 줄기의 즙을 빨아 먹는 진딧물은 남성이 없다. 봄이면 새로운 군집의 시조인 암컷이 알에서 부화해 순전히 딸들만 세상에 내놓는다. 아들과 섹스는 가을에만 존재한다.

하지만 척추동물의 경우 단성생식(단위생식)은 매우 드물다. 극소수의 예 중 하나는 몸길이가 15센티미터로 가장 작은 뱀 축에 드는 화분장님뱀이다. 이 뱀은 암컷만 알려져 있는데, 암컷은 3중 염색체 세트를 가지고 있고(척추동물의 경우 2중 염색체 세트가 일반적이다) 역시 그런 딸들만 낳는다. 15종의 아메리카산 채찍꼬리도마뱀도 암컷만 있다. 하지만 도마뱀은 정식 교미가 아니면 제대로 흥을 내지 못한다. 그래서 암컷 중 하나가 구애와 교미 행위에서 수컷 역할을 하여 배우자의 호르몬으로 제어되는 배란을 촉진한다. 이때 누구에게나 차례가 돌아오도록 역할이 여러 번 바뀐다. 자신들의 존재 의미가 위협받고 있다고 생각하는 남성들을 안심시키기 위해 한마디 하자면, 포유류의 세계에서는 남성 없이는 아무것도 이루어지지 않는다. 어쩌면 현대의 재생의학이 곧 남성들을 쓸모 없는 존재로 만들어버릴지도 모를 일이지만……

달고기는 청어의 왕이다?

청어는 거대한 무리를 지어 모두가 평등하게 산다. 왕은 필요없다. 약 70센티미터까지 자라고 등 부분이 솟아올랐지만 극도로 날씬한 물고기인 달고기는 청어나 정어리떼 근처에 있는 것을 좋아하기 때문에 독일에서는 청어의 왕Heringskönig이라는 이름을 얻었다. 청어떼 옆에서 달고기는 그 인상적인 몸 크기 덕분에 마치 작은 물고기들의 지배자인 듯한 인상을 주지만, 정작 작은 물고기들은 녀석에게 신경도 쓰지 않는다. 정어리를 먹이로 삼는 녀석이 혹시나 자기들을 사냥하지만 않는다면 말이다.

달고기의 두드러진 특징은 양 옆구리에 하나씩 있는 검은 얼룩점이다. 전설에 따르면 이 점은 예수의 제자가 되기 전에 어부였던 성 베드로의 지문이라고 한다. 베드로가 엄지와 검지로 게네사렛 호수(하지만 그곳에는 달고기가 살지 않는다)에서 이 물고기를 건져올렸을 때 이 자국을 남겼다고 한다. 그래서 달고기의 또 다른 별명은 베드로의 물고기Petersfisch다.

달팽이가 먹는 것은 사람에게도 해롭지 않다?

달팽이가 광대버섯을 갉아먹어서 만들어진 커다란 구멍들을 보고 감탄할 때면, "이 규칙에는 분명히 뭔가 안 맞는 게 있구나" 하는 의구심이 생길 것이다. 모든 신진대사가 모든 동물들의 몸에서 완전히 똑같이 진행되는 것은 아니다. 그래서 어떤 독이 모두에게 똑같이 독으로 작용하지도 않는다. 덕분에 벨라돈나(가지과의 독성 식물―옮긴이)까지도 당장 죽지 않고 잘 먹어주는 동물 팬들을 거느리고 있다. 식물들은 먹히지 않기 위한 방어책으로 다양한 독들을 개발했다. 그런데 몇몇 동물 종들이 나중에 이런 방어 장치를 제거할 술책을 개발한 경우도 많다. 일종의 자연의 군비경쟁이라고 할 수 있다. 그러니까 어떤 식물이나 버섯을 우리 인간이 먹어도 되는지 제대로 알고 싶다면 절대로 달팽이 같은 시식맨을 믿어서는 안 된다.

달팽이집은 전부 똑같이 감겨 있

다? 달팽이집이 왼쪽으로 감겼는지 오른쪽으로 감겼는지에 대해 토론하기 전에 먼저 관찰 방향을 결정해야 한다. 달팽이 연구가들은 감긴 방향을 결정하기 위해 달팽이 껍질을 위에서 관찰한다. 그렇게 해보면 대부분의 달팽이집이 시계 방향으로 돈다는 것, 즉 오른쪽으로 감겼다는 것을 금방 확인하게 된다. 예외가 있다면 다양한 종을 자랑하는 마크로가스트라속*Macrogastra*이 있는데, 이들의 집은 촘촘하게 휘감긴 높고 좁은 작은 탑과 비슷하다.

그런데 보통 오른쪽으로 감긴 달팽이들 중에도 언제나 거울에 비친 상 같은 예외가 있다. 예전에는 그런 달팽이집을 '달팽이왕 Schneckenkönig'이라 부르며 많은 이들이 탐냈다. 1670년에 처음으로 부르고뉴달팽이—독일과 같은 위도에서는 흔한 달팽이다—중에서 달팽이왕이 발견되었다고 코펜하겐 출신의 켐니츠라는 목사가 1786년에 한 전문잡지에 기고했다. "사람들은 그것을 굉장히 희귀한 것으로 여기고 그것의 소유는 귀한 보석을 가진 것과 같이 존경받는다. 또 패각 진열실의 가치와 우수성을 가장 많이 높여준다고 믿는다." 패각은 그 당시 수집품으로 굉장한 인기를 누렸던 복족류와 조개류의 껍데기를 말한다. 켐니츠는 껍데기가 왼쪽으로 감긴 달팽이를 다른 종이라고 생각해서 양식을 시도했지만 오른쪽으로 감긴 후손들만 얻었다. 나중에 비슷한 실험을 했던 다른 사람들도 전부 같은 결과를 얻었다. 이로써 달팽이왕은 유전자 변이의 결과가 아니라, 개체의 발생 중에 일어난 장애가 원인이라는 사실이 명백해졌다.

ᄃ

당나귀는 멍청하다?

멍청한 당나귀, 멍청한 개, 멍청한 거위…… 멍청함이나 영리함을 과연 어떻게 측정할 수 있는지 분명하게 말하지 못하는 한 이런 조롱들은 진부하다. 대체 지성이 무엇인가? 반쯤 농담으로 내린 정의에 따르면 지성은 지능검사가 측정하는 것이다. 그렇다면 누가 당나귀나 거위를 위해 그런 검사법을 개발하겠는가?

앞일을 내다보고 행동하고 여러 가능성을 서로 비교 검토할 수 있는 자만이 똑똑하다고 한다면 기껏해야 유인원에게나 약간의 지성이 있다고 인정해 줄 수 있을 것이다. 동물들은 깊이 생각해서 행동하지 않고 거의 본능에 따라 행동한다. 몇몇 동물들, 이를테면 호기심 많은 쥐들은 좀더 많은 융통성을 타고났다. 말 같은 다른 동물들은 습관의 동물이라 익숙지 않은 상황에 처하면 먼저 의심부터 하고 만일의 경우 도망쳐서 거기에서 벗어난다. 물론 동물들이 현명하게 행동한다고 가정하는 수많은 일화들이 있다. 〈랫시〉부터 〈플리퍼〉에 이르기까지 많은 텔레비전 시리즈가 그걸로 먹고산다. 하지만 동물에게 인간과 비슷한 기준을 적용하는 것은 그다지 현명한 일이 아니다.

당나귀 얘기로 돌아가 보자. 화가 난 당나귀 몰이꾼들이 고집불통이라고 욕하는 당나귀의 전형적인 끈기는, 당나귀가 멍청하고 융통성이 없다고 여겨지는 이유의 하나일지도 모른다. 하지만 고집을 부리는 데는 대부분 타당한 이유가 있다. 명령받은 대로 흔들리는 다리를 건너가는 자와 아무리 얻어맞아도 남이 앞서 갈 때까지 기다리는 자 중에서 과연 누가 더 영리한가?

도롱뇽을 불 속에 던지면 불이 꺼진다?

"도마뱀의 형상을 한 동물인 도롱뇽은……, 폭우가 쏟아질 때만 나타나고 건조한 날씨에는 결코 모습을 드러내지 않는다. 도롱뇽은 아주 차가워서 마치 얼음처럼 그냥 닿기만 해도 불을 끈다. 우유처럼 주둥이에서 흘러나오는 점액은 사람의 몸에 난 털을 전부 녹여버린다. 점액에 젖은 자리는 탈색이 되고 흉터로 변한다. 독이 있는 많은 동물 중에서도 도롱뇽은 가장 악하다……. 녀석이 나무에 기어오르면 열매를 전부 중독시키고, 그 열매를 먹은 자는 얼어죽는다. 녀석이 그저 발을 대기만 했던 나무로 빵을 구워도 빵이 중독되고, 녀석이 우물에 빠지면 그 물도 중독된다." 고대 르마의 작가 플리니우스는 거리낌없이 시적 표현과 진실을 뒤섞어 놓았다. 이 양서류가 빗속의 산책을 즐기는 건 사실이지만 결코 나무에 올라가지는 않으며, 모든 양서류가 그렇듯이 축축하고 차가운 피부를 가지고 있다. 또 도롱뇽에게 독이 있다는 말도 맞다. 독샘은 눈 뒤의 두툼하게 부어오른 부위에 자리잡고 있다. 그 독으로 매우 효과적으로 천적들을 겁줄 수 있다. 체중 30그램의 도롱뇽은 20밀리그램 이상의 도롱뇽 독 사만다린samandarin을 가지고 있다. 체중 1킬로그램당 0.3밀리그램의 독을 섭취하면 사망할 확률이 50퍼센트에 달한다. 달리 표현하자면, 20밀리그램의 독이면 체중 66킬로그램의 적을 거의 무해하게 만들기에 충분하다. 이런 사실을 감안할 때 도롱뇽을 먹는 것은 간곡하게 말리고 싶다. 하지만 이 독은 점막이나 상처에 닿지 않는 이상 상당히 무해하다. 강한 독 말고는 전혀 방어력이 없는 도롱뇽은 눈에 띄는 검고 노란 피부색으로 자신을 괴롭히지 말라고 경고한다. 양서류가 불의 건조한 열기를 마치 악마가 성수聖水를 피하듯 피하는데도 불구하고 굳이 도롱뇽이 불과 연관된 것은 아마 불처럼 노란 줄무늬나 점무늬 탓일 것이다.

독수리는 어린아이를 잡아간다? 물

론 기술적으로만 본다면 충분히 가능한 일이다. 검독수리는 체중이 평균 3,700그램(수컷일 경우) 내지 5,000그램(암컷일 경우)이고, 자기 몸무게와 맞먹는 노획물을 잡아채 갈 수 있다. 알프스에서 사는 많은 독수리들이 즐겨 먹는 먹이가 마멋인데 마멋은 체중이 5~6킬로그램 정도 나가기 때문에 꼭 필요한 능력이라고 할 수 있다. 하지만 강한 상승기류가 불어와 이 맹금猛禽의 비행을 돕지 않는다면 독수리는 마멋을 멀리까지 운반하지 못한다. 게다가 독수리의 보금자리는 대개 사냥구역보다 아래에 있기 때문에 먹이를 그냥 아래로 데려가기만 하면 된다. 따라서 3킬로그램 정도의 갓난아기를 채가는 것은 독수리에게는 식은 죽 먹기일 것이다. 그러나 독수리에 의한 어린이 약탈은, 수많은 전설에도 불구하고 단 한 건도 사실로 증명되지 않은 듯하다. 이런 전설은 아마도 사람들의 마음 속 깊이 뿌리박혀 있는, 뾰족한 발톱이나 굽은 부리를 가진 존재에 대한 증오심에서 발생했을 것이다.

돌고래는 바다에만 산다?
돌고래는 고래류에 속하고 고래는 바다에서 헤엄친다. 이 말이 맞긴 하지만, 극소수의 예외가 있다. 아마존 강이나 갠지스 강, 인더스 강, 양쯔 강같이 거대한 하천에는 제각기 독특한 민물 돌고래들이 서식한다. 이들은 물고기를 주식으로 하는 동물에게 전형적인 이빨을 갖고 있다. 길고 가는 주둥이 속에 뾰족한 이들이 촘촘하게 나 있다. 눈은 퇴화했는데, 갠지

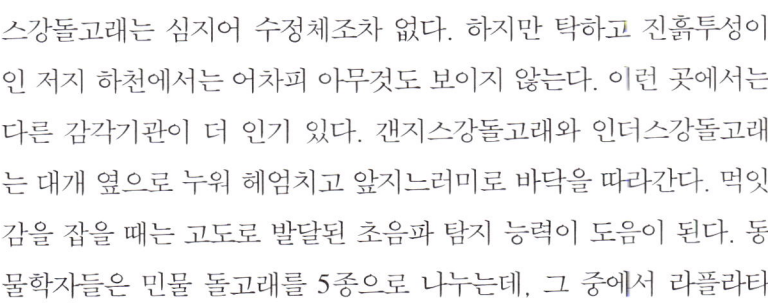

스강돌고래는 심지어 수정체조차 없다. 하지만 탁하고 진흙투성이인 저지 하천에서는 어차피 아무것도 보이지 않는다. 이런 곳에서는 다른 감각기관이 더 인기 있다. 갠지스강돌고래와 인더스강돌고래는 대개 옆으로 누워 헤엄치고 앞지느러미로 바닥을 따라간다. 먹잇감을 잡을 때는 고도로 발달된 초음파 탐지 능력이 도움이 된다. 동물학자들은 민물 돌고래를 5종으로 나누는데, 그 중에서 라플라타

강돌고래는 남아메리카의 대서양 연안 해역에서 살고 민물은 좋아하지 않는다.

민물 돌고래들 외에도 정기적으로 민물에 나타나는 고래가 딱 한 종 있다. 참돌고래과에 속하는 난쟁이돌고래는 연안 해역뿐만 아니라 아마존 강을 수천 킬로미터나 거슬러 올라와 상류에서도 산다. 다른 고래들이 길을 잃고 하천으로 들어오는 경우는 극히 드물다. 1966년 봄에 한 달 동안 라인 강에 머물렀고 결국에는 독일의 본 남쪽의 바트 호네프까지 갔다가 되돌아와서 다시 강 하류로 헤엄쳐 갔던 흰돌고래는 제법 유명하다. 민물 돌고래와 관련해서 한 마디 덧붙이자면, 이 특이한 고래들은 추측컨대 그리 오래 생존하지 못할 것이다. 하천오염과 댐이 이들의 삶을 힘들게 하기 때문이다. 지구상에서 가장 희귀한 포유동물의 하나로 여겨지는 양쯔강돌고래는 양쯔 강의 대규모 댐 건설 계획들로 인해 멸종 직전에 와 있는 것으로 추측된다. 오직 아마존강돌고래들만이 아직은 안전해 보인다.

돌고래는 어류다?

돌고래는 고래류에 속한다. 그러므로 돌고래는 어류가 아니라 물의 저항을 가능한 한 적게 받는 물고기 형으로 디자인된 포유류다. 모든 포유동물과 마찬가지로 돌고래는 폐로 숨을 쉬고, 거의 모든 포유동물들처럼 새끼를 낳아 어미젖을 먹여 키운다. 고래와 더불어 고래류에 속하는 돌고래를 식별하는 아주 간단한 특징은 수평의 꼬리지느러미(고래, 46쪽 참조)이다. 반면에 물고기의 꼬리지느러미는 수직이다.

돼지는 '더러운 동물'이다?

솔직히 인정하자면 돼지들한테서는 약간 코를 찌르는 냄새가 나긴 한다. 특히 수퇘지나 멧돼지 수컷은 냄새가 더 심하다. 그러나 냄새에는 많은 포유동물에게 중요한 정보가 담겨 있다. 우리 인간에게는 불쾌하기만 한 냄새가 해당 동물들에게는 아주 좋은 감정을 불러일으킬 수도 있다. 어쨌든 돼지는 위생을 중요하게 생각한다. 하지만 샤워 대신 진창을 선호한다. 여기서 돼지는 모기와 다른 귀찮은 놈들드, 벼룩과 진드기 같은 털 속에 사는 수많은 기생충들도 모두 좋아하지 않는 본격적인 머드팩을 한다. 진흙 목욕은 몸을 식히는 데도 좋다. 무더운 여름날이면 돼지들도 수영장을 찾는 사람들처럼 행동한다. 자꾸만 시원한 진창 속으로 몸을 던진다. 인간 물개들이 수건을 사용하는 것처럼 돼지들은 진으로딱지가 앉은 나무를 이용한다. 돼지는 어느 정도 마른 진흙 갑옷을 말끔히 떼내기 위해 여기다 몸을 박박 비벼댄다.

　돼지우리에서 견디기 힘든 악취가 나는 것은 너무 집약적이고 종種의 특성에 적합하지 않은 사육방식 때문이다. 수백 명의 사람들을 몸을 씻을 수도 없는 좁은 공간에 다 몰아넣었다고 한번 상상해 보라.

두더지는 주둥이로 땅을 판다?

곤충의 주둥이처럼 길게 튀어나온 두더지의 코는 선조들도 벌써 알고 있었듯이 땅을 파는 도구로 이용되지 않을 뿐만 아니라, 코를 둘러싸고 있는 긴 촉모觸毛들과 함께 민감한 촉각기관이다. 두더지는 몸통 옆에 달려 있는, 튼튼한 발톱을 가진 넓은 삽 같은 앞다리로 이 거친 작업을 수행한다. 앞다리를 효율적인 땅파는 연장으로 만들기 위해 견갑대가 강화되었고, 상박은 극도로 튼튼하게 발달되었다. 또 척골과 요골은 아래 부분에서 서로 합생되었다. 그렇지 않아도 큰 편인 앞발바닥은 뼈가 하나 더 붙어서 훨씬 더 넓어졌다. 이 새로운 뼈는 '여섯째 발가락'으로 엄지발가락 옆에 붙어 있다. 지하에서 땅을 파는 여러 동물들은 서로 조금씩 다른 땅파기 기술을 개발했다. 남아프리카 출신의 기니피그만 한 설치류인 뻐드렁니쥐는 길고 앞으로 튀어나온 절치切齒로 땅을 파낸다. 같은 아프리카 출신인 황금두더지는 튼튼한 발톱을 이용하여 흙을 부드럽게 한 다음 각질 껍데기로 감싸인 주둥이로 옆으로 치운다. 그리고 동유럽과 서남아시아의 스텝 지대가 원산지인 장님두더지쥐는 쐐기 모양의 머리로 땅을 판다.

두더지는 상추 뿌리를 먹는다?

두더지는 식물에게는 관심이 없다. 녀석은 육식동물이다. 지하에 있는 자기 세력권을 순찰하면서 44개의 바늘처럼 뾰족한 이빨에 와닿는 것은 전부 다 사냥한다. 포유류 내에서 두더지와 땃쥐, 고슴도치가

속한 목을 식충목食蟲目이라고 부르는
것은 우연이 아니다. 곤충(그들의 유
충)은 실제로 두더지가 가장 좋아하
는 먹이다. 그 밖에는 무엇보다 벌
레를 좋아한다. 그런데 왜 두더지
에게 '해로운 동물'이라는 꼬리표가
끈질기게 붙어 다니는 걸까? 아마도
이 열정적인 '광부'가 농작물의 손실을
고려하지 않고 바로 밑에 새로운 굴을 파

는 바람에 상추가 시들어버리기 때문일 것이다. 반면에 잔디밭에 있
는 두더지 언덕은 미학적 문제를 야기한다. 그 외에는 대차대조가 균
형을 이루고 있다. 비록 익충인 지렁이들이 두더지에게 죽음을 당하
긴 하지만, 그 대신 땅강아지와 달팽이, 또 다른 해충들도 같은 처지
이다.

두더지는 눈이 멀었다? 두더지만큼만
눈이 멀었다면 아직 완전한 장님은 아니다.

이 건축가는 플러시천 같은 털가죽
밑에 완전히 가려진 아주 작은
눈 두 개를 가지고 있다. 그 정
도면 명암을 구별하는 데는 충
분한 듯하지만, 더 이상의 기
능은 하지 못한다. 두더지의 망

막에는 색 인지를 담당하는 원추세포보다 빛에 훨씬 더 민감하긴 하지만 명암밖에 구별하지 못하는 간상세포만 있기 때문에 녀석은 어차피 색은 알아보지 못한다. 두더지가 형태를 얼마나 잘 알아볼 수 있는지는 알려지지 않았다. 두더지의 정확한 시력 검사는 아직 아무도 해보지 못했으니까. 영원한 밤 속에서 생의 대부분을 보내는 자라면 어차피 눈보다는 다른 감각기관의 도움이 더 많이 필요할 것이다. 칠흑같이 캄캄할 때는 촉모와 코도 한몫을 한다.

두족류는 어류다?

두족류(두족강) 또는 케팔로포다Cephalopoda(정확히 같은 뜻이다)라는 이름은 머리에서 솟아나와 입 주위를 둘러싸고 있는 수많은 촉수에서 유래한 것이다. 실제로 이 촉수들은 일차적으로는 먹이 조달을 담당하지만 몇몇 두족류의 경우에는 마치 발처럼 이동에도 이용된다. 그 전형적인 예가 문어류이다. 하지만 두족류의 일반적인 이동방법은 제트 분사이다. 잘 발달된 좁은 관을 통해 물이 분출되고 그 반동으로 앞으로 밀려가는 것이다.

계통학적으로 살펴보자. 두족류는 연체동물문에 속한다. 그러므로 복족류와 조개류의 친척이다. 알다시피 척추동물인 어류와는 눈곱만큼도 관계가 없다. 두족류는 지금은 앵무조개(암모나이트, 192쪽 참조)만 남아 있는 고대의 사새아강(아가미가 2쌍 있는 것—옮긴이)과 현대적인 이새아강(아가미가 1쌍 있는 것—옮긴이)으로 구분할 수 있다. 이새류쪽이 종류가 훨씬 더 다양하다. 특히 유명한 것이 문어, 꼴뚜기 그리고 갑오징어Sepia vulgaris의 근연종들이다. 갑오징어

류는 스페인 휴양지에서 맛볼 수 있는 파에야뿐만 아니라, 새끼새들
이 사는 새장을 만드는 데 이들의 석회질 등뼈가 쓰이는 바람에 유
명해졌다. 두족
류들이 먹물을
갖고 있다는
건 사실이다. 위
험이 닥치면 먹물
주머니가 비워진
다. 갑오징어류는

연막탄처럼 넓게 퍼지는 먹물 구
름에 몸을 숨기고 슬쩍 도망친다. 문어류는 농도가 진한 먹물 구름
을 분출하여 적들이 먹물에 달려들어 헛수고를 하도록 유도한다.
그런데 이 먹물은 괜히 '먹물'이라고 불리는 것이 아니다. 옛날에는
이 먹물을 추출하여 필기용 잉크로 사용했는데, 먹물주머니의 내용
물을 건조시켰다가 용해한 후 염산으로 침전시켜서 썼다. 출처를
따서 세피아라고 불린 이 암갈색이나 회갈색의 색소는 잉크 제조에
쓰였다.

뒤영벌은 쏘지 못한다? 뒤영벌은 꿀벌

과에 속한다. 꿀벌과는 암컷은 쏠 수 있지만, 수컷은 그렇지 못하다
는 원칙이 통용된다. 뒤영벌의 경우에도 암컷이 일을 다 하고, 수컷
은 짧은 생을 주로 '섹스 상대'로 보내기 때문에 꽃밭에서 열심히 식
량을 모으는 뒤영벌은 거의 항상 암컷이다. 그 점은 뒷다리의 '꽃가

루 바지'만 봐도 알 수 있다(덕분에 우리는 뒤영벌 사회에서는 여성들이 바지를 입는다는 것도 알고 있다). 사람들이 뒤영벌은 위험하지 않고 독도 없다고 믿는 것은 무엇보다 뒤영벌의 선량한 기질 때문이다. 뒤영벌은 대개 아주 위급한 경우에만 침을 사용한다.

등에는 문다? 모기가 가느다랗고 뾰족한 주둥이로 정밀 작업을 수행하고, 그러면서 운이 좋으면 신경 하나 건드리지 않는 반면에 등에(파리와 비슷하나 몸집이 좀더 큰 곤충―옮긴이)는 정말이지 우악스럽게 행동한다. 녀석은 칼 모양의 구기口器로 희생자의 피부를 절개한다. 따라서 등에에 의한 상처는 물린 상처가 아니라 베인 상처다. 그리고 빨대 같은 주둥이로 피를 빨아 먹는 모기와는 달리 등에는 응고를 억제하는 타액 때문에 묽어져서 밖으로 흘러나온 피를 주둥이로 받아먹는다. 등에가 배를 채우고 날아가 버린 후에도 상처에서는 계속 피가 흐를 때가 많다. 하지만 사람의 경우에는 피해가 그 정도로 심하지 않다. 등에가 제아무리 눈에 띄지 않게 재빨리 접근할 줄 안다고 해도 살갗에 통증이 느껴지면 사람들은 가차없이 손으로 내리치기 때문이다.

따개비는 조개류이거나 복족류다?

해변에서 살고 딱딱한 껍데기를 가진 것은 전부 성급하게 조개류나 복족류로 선언된다. 그러나 흔히 그렇듯이 이 경우에도 좀더 자세히 살펴보는 게 좋다. 복족류의 집은 대부분이 단 하나의 나선형 껍질로 되어 있고, 조개류는 두 장의 조가비로 되어 있다. 하지만 따개비는 4~8개의 석회판으로 된 벽과 2쌍의 판으로 된 덮개를 가지고 있다. 몸이 건조할 때는 이 덮개가 단단히 닫혀 있다. 물 속에서는 덮개가 열리고 규칙적인 리듬으로 플랑크톤을 향해 ㅂ둥거리는 섬세하고 가는 필터 발들이 나타난다. 그러니까 따개비는 조개류도 복족류도 아니다. 그럼 대체 뭔가? 따개비가 갑각류라는 사실은 녀석의 성장 과정을 알면 그럴듯해 보인다. 어릴 때 따개비는 다른 갑각류 유생들과 매우 비슷하고, 자유롭게 움직일 수도 있다. 이렇게 활달하게 움직이는 성장기를 보낸 후에 녀석은 비로소 정착할 생각을 한다. 따개비는 바위, 커다란 고래나 이와 비슷한 곳에 터를 잡고 거기에 머리를 붙이고 정착한다. 어른 따개비로의 이런 근본적인 변화를 거친 후에는 결코 다시는 다른 곳으로 이사갈 수 없다.

딸기는 장과다? 장과berry는 다소 즙이 많은

과육이 씨를 둘러싸고 있다. 전형적인 예로 구즈베리, 까치밥 또는 월귤나무 열매가 있지만, 오이나 호박, 바나나도 장과다. 따라서 스트로베리strawberry(딸기)라는 이름은 적절하지 않다. 우리의 식욕을 자극하는 것은 열매 자체가 아니라 꽃이 핀 후에 촉촉하고 붉게 부풀어오르는 꽃턱이다. 진짜 열매는 그 바깥쪽 표면에 박혀 있는 작은 녹색 씨들이다. 그러니까 '딸기'는 개별적인 열매가 아니라 취과聚果이다. 식물학자들은 딸기 열매를 단단하고 서로 합성된 과피 때문에 견과류로 분류하는데, 더 정확히 말하면 소견과이다.

딱쥐는 쥐다? 쥐와 땃쥐가 공통점이 별로 없다는 것은 고양이도 아는 사실이다. 쥐는 맛있게 먹지만, 땃쥐는 죽이긴 해도 역겨워서 그대로 놔둔다. 땃쥐의 냄새와 맛이 너무 지독하기 때문이다. 두 '쥐들'의 공통점은 간단하다. 주로 짧은 다리와 가는 꼬리를 갖는 쥐 같은 외모와 약간 분망한 생활방식, 날쌔고 민첩한 움직임 정도다. 차이점이 더 중요하다. 땃쥐는 눈과 귀가 아주 작다. 녀석은 긴 촉모와 작고 움직일 수 있으며 곤충 주둥이처럼 길쭉하고 항상 냄새를 맡는 코로 방향을 파악한다. 코 밑에 있는 입에는 바늘처럼 뾰족한 이가 많이 나 있다. 땃쥐는 이 이빨들로 일단 붙잡은 것은 지렁이든 딱정벌레든 다족류든 거미든 등각류든 상관없이 자기보다 크지만 않으면 뭐든지 제압할 수 있다. 반면에 진짜 쥐는 위험하지 않다. 물론 쥐도 기회가 있으면 기꺼이 곤충을 먹지만, 주로 식물성 먹이를 섭취한다. 눈이 크고 코와 입이 길쭉하지 않아서 귀여워 보이는 쥐는 전형적인 설치류의 이빨을 가졌다. 앞에는 계속 자라서 마모되어도 저절로 날카롭게 갈리는 절치들이 있고 중간에는 이빨이 없는 커다란 빈자리가 있으며 그 뒤에 분쇄 작업을 담당하는 어금니들이 있다.

쥐와 땃쥐의 차이는 동물학자들의 계통 분류에도 반영된다. 쥐는 설치목으로 햄스터, 기니피그, 다람쥐의 친척인 반면 땃쥐는 고슴도치, 두더지와 함께 식충목에 속한다.

번개가 치면 떡갈나무는 피해야 한다?

"떡갈나무는 피하고 가문비나무는 절대 선택하지 말고, 버드나무도 피해야 해. 하지만 너도밤나무는 찾아야 한다." 우리 선조들은 뇌우가 올 것 같을 때 이렇게 경고했다. 미리 결론부터 말하자면 이런 격언들은 비록 널리 퍼져 있긴 해도 말짱 헛소리다. 번개는 식물학에 전혀 관심이 없기 때문이다. 결정적인 것은 나무의 종류가 아니라 위치다. 나무가 들에 홀로 서 있거나 다른 나무들 위로 우뚝 솟아 있으면 훨씬 더 위험하다. 하지만 옛날 사람들의 믿음에도 약간의 타당성은 있다. 떡갈나무는 실제로 너도밤나무보다 벼락으로 인한 피해가 빈번하

다. 떡갈나무가 벼락을 더 자주 맞아서가 아니라, 나무 자체가 갈라진 틈이 많고 지의류와 선태류로 뒤덮인 나무껍질이 비가 오면 흠뻑 젖기 때문이다. 벼락이 치면 나무에 스며들어 있던 빗물은 폭발적으로 증발하고 이때 나무껍질이 파열된다. 반면에 껍질이 매끈한 너도밤나무에서는 빗물이 곧바로 밑으로 흘러내린다. 따라서 번개는 이 나무에 뚜렷한 피해를 입히지 못하고 바닥으로 전도된다.

가장 단단한 목재는 떡갈나무다?

독일의 숲에서 가장 단단한 목재는 무엇일까? 당연히 경도, 저항력과 내구성의 상징인 독일떡갈나무일 것이다. 하지만 과학은 이러한 통념에 매수되지 않고 떡갈나무에게 순위를 똑똑히 가르쳐준다. 선두주자는 바로 너도밤나무와 서어나무다. 경도를 측정하는 방법은 브리넬이라는 엔지니어가 고안해 냈다. 그에 대한 감사의 표시로 경도의 단위는 그의 이름을 따서 쓰고 있다. 그리고 측정방법은 다음과 같다.

잘 건조시킨 목재에 지름 10밀리미터의 강철구슬을 대고 500뉴턴(힘의 단위이며 N으로 표시한다. $1N = 1kg \cdot m/s^2$이다—옮긴이)의 힘으로 15초 동안 누르고 30초 동안 그대로 놔둔 다음 15초 내에 구슬을 들어낸다. 그런 다음 눌린 자국을 측정하고 약간 복잡한 공식을 써서 브리넬 경도를 계산해 낸다.

가구를 사거나 쪽마루를 선택할 때 조금은 도움이 될 테니 단단한 나무부터 몇 가지 수치(단위는 N/m^3이다)를 알아보자. 너도밤나무 72/34, 서어나무 71/32, 호두나무 70/52, 유럽물푸레나무 65/40, 독일떡갈나무 64/41, 시카모sycamore 62/27, 사과나무 56/30, 자작나무 49/23, 유럽소나무 40/19, 검은오리나무 35/17, 독일가문비나무 32/12 등이다(첫번째 수치는 섬유에 대한 세로축 내압력耐壓力을 말하고, 두번째 수치는 가로축 내압력을 말한다).

이 수치들만 보면 서어나무는 떡갈나무보다 더 단단할 뿐만 아니라 밀도도 598kg/m³로 더 무겁기도 하다(떡갈나무 577kg/m³). 하지만 경도와 무게, 인성靭性이 목재의 가치를 판단하는 전부는 아니다. 서어나무는 가공하기가 매우 힘들고 건조시킬 때 쉽게 갈라져버린다. 그래서 뭐든 오래 가게 지으려면 독일떡갈나무를 선택하는 편이 낫다.

비공식 부문에서는 ('진짜' 나무가 아니기 때문에) 다른 독일산 나무 두 종이 모든 체급의 승자다. 최고 12미터까지 자라지만 중부 유럽에서는 별로 크지 않는 회양목(112/58N/m³)과 떨기나무인 코넬리안 체리다. 둘 다 극히 단단한 목재로 선반 작업에 많이 쓰인다.

비타민C가 제일 많이 함유된 과일은 레몬이다?

감귤류는 비타민 폭탄이고, 매일 먹으면 감기를 확실히 예방할 수 있다고 여겨진다. 실제로 오렌지의 과육은 100그램당 50밀리그램, 자몽은 44밀리그램, 레몬은 53밀리그램의 비타민C를 함유한다. 반면에 귤은 30밀리그램으로 그리 성적이 좋은 편이 아니다. 하지만 이 신맛의 과일들은 아스코르브산(비타민C)이 많이 들어 있을 거라고 전혀 기대하지 않는 달콤한 과일에게 추월당한다. 그 주인공은 바로 딸기다. 딸기 100그램에는 비타민C가 64밀리그램이나 들어 있고, 그 정도면 많은 영양학자들이 권하는 일일권장량 75밀리그램을 거의 다 섭취하는 셈이 된다.

또 어떤 과일들은 심지어 과다 섭취(요즘 들어 점점 더 많은 의사들이 과다 섭취를 처방해 주기까지 한다)의 위험까지 안겨준다. 검은까치밥나무 열매는 177밀리그램을 함유하고, 키위 100그램을 먹으면 비타민C 300밀리그램을 먹게 된다. 하지만 누가 뭐래도 선두주자는 두 가지 야생 식물이다. 바로 100~1,200밀리그램을 함유하는 산자나무 열매와 로즈힙이다. 로즈힙은 들장미 열매이므로 들장미의 종에 따라서 비타민C를 250밀리그램부터 믿을 수 없는 양인 2,900밀리그램까지 함유한다. 그러니 그렇게 신맛이 나는 것도 무리는 아니다! 덧붙이자면 비타민C는 맛있는 과일에만 들어 있지 않고, 아이들은 별로 좋아하지 않을지도 모르는 채소에도 들어 있다. 예를 들어 시금치(100그램당 52밀리그램)는 오렌지와 견줄 만하다. 그리고 북극의 사냥꾼인 이누이트들은 비타민C를 섭취하기 위해 일각돌고래의 껍질을 씹었다.

레밍이 바다로 뛰어드는 이유는 자살하기 위해서다?

노르웨이레밍(나그네쥐)이 물 속으로 뛰어드는 이유는 자살하려는 것이 아니라 정반대로 생존욕구 때문이다. 멀리 북구에 사는 이 알록달록한 밭쥐들은 서식 환경이 좋으면 매우 빨리 번식할 수 있다. 생후 3주라는 어린 나이에 이미 생식능력이 생기는 암컷은 매년 3번 새끼를 낳고 한 번에 평균 6마리의 새끼를 낳기 때문에 몇 년마다 한 번씩 개체수의 폭발이 예정되어 있다. 1헥타르의 면적에 100~250마리나 되는 레밍들이 돌아다닌다면 활동 영역과 먹이의 확보가 어려워진다. 특히 레밍들은 자신의 토지를 동족들로부터 완강하게 지키기 때문에 문제는 더욱 심각하다. 그러니 이사를 하거나 이민을 갈 이유가 충분하고, 많은 녀석들이 실제로도 그렇게 한다. 물론 노르웨이레밍은 각자 혼자서 여행을 떠난다. 하지만 호숫가나 강가에 이르면 일단 멈추기 때문에 그런 곳에는 여행중인 레밍들이 많이 모여든다. 그러면 레밍들은 이 장애물을 헤엄쳐서 건너

기 위해 기꺼이 물 속으로 뛰어든다. 파도가 없다면 레밍들은 아주 잘 해낸다. 하지만 바다의 큰 파도에는 그들도 어쩔 도리가 없다. 나중에 이들의 사체가 해변 여기저기에 널려 있으면, 이것이 이 작은 설치동물들의 '수수께끼 같은 죽음에의 충동'에 대한 또 하나의 증거가 되는 것이다.

리아나는 정글에만 있다?

타잔 놀이를 하려면 아프리카가 아니라 집에서 가까운 숲까지만 가면 된다. 거기에는 독일에서 가장 흔한 목본木本 덩굴식물인 참으아리가 자란다. 몇 센티미터의 굵기에 수미터의 길이로 목질화木質化된 참으아리의 줄기는 아주 튼튼해서 안심하고 매달릴 수 있다. 물론 지주목支柱木에 단단히 휘감겨 있다면 말이다. 참으아리는 리아나(열대 목본 덩굴식물)와는 달리 혼자서는 버티고 설 힘이 없기 때문이다. 눈에 잘 띄지 않고 질기지도 않은 홉은 훨씬 더 가는 줄기로 다른 식물을 감고 올라간다. 또 맥주에 향을 주는 이 식물이 재배되는 홉농장에서는 키 큰 지주를 감고 올라간다.

인디언은 수천 년 전부터 말을 탔다? 서

부영화에는 늘 인디언이 나오고, 인디언이 있는 곳에는 반드시 말이 있다. 그래서인지 이들 아메리카 원주민들이 유럽 정복자들이 오기 전에는 걸어다녔다는 사실은 믿기 힘들다. 비록 말의 계통발생이 거의 대부분 아메리카 대륙에서 이뤄졌지만, 빙하 시대가 끝날 무렵에 멸종되고 말았다. 말은 구대륙에서만 살아남았고, 거의 멸종한 야생마 외에 당나귀와 얼룩말 몇 종이 남았을 뿐이다.

16세기에 스페인 인들이 길들인 말을 녀석들의 선조의 고향인 아메리카 대륙으로 처음 데려갔다. 그 이후 다시 야생화한 말들의 후손이나, 달아나거나 훔치거나 사들인 말들을 17세기 무렵부터 인디언들이 이용하게 되었고, 차차 사육도 하게 되었다. 물론 그레이트플레인스(로키 산맥 동부의 미국과 캐나다에 걸쳐 남북으로 뻗어 있는 대평원—옮긴이)의 끝없는 대초원에서 말을 사냥과 운송에 이용했던

것은 누구보다도 프레리(로키 산맥 동부에서 미시시피 강 유역에 이르는 대초원 지대—옮긴이)의 인디언들이었다. 아파치, 코맨치, 쇼쇼니, 수 등의 고명한 부족들(이들이 프레리에 처음 거주하게 된 것은 부분적으로는 밀고 들어오는 백인들을 피하기 위해서였다)이 우리의 편

파적이고 불완전한 '인디언' 상을 지금까지 각인시켜 왔다.

말라리아는 나쁜 공기 때문에 생

긴다? 이런 인식은 이 병의 이름에 이미 들어가 있다. 말라리아
가 바로 '나쁜 공기'라는 뜻이기 때문이다. 그리고 늪에서 피어오르
는 증기가 병을 일으킨다는 오래된 생각이 전혀 틀린 건 아니다. 학
질모기 아노펠레스*Anopheles*의 유충은 물 속에서만 성장할 수 있기
때문이다. 바로 이 모기가 죽음을 초래할 수도 있는 심각한 병을 우
리 인간에게 선물한다. 사실 모기는 인간의 생명이 아니라 그저 단
한 방울의 피에만 관심이 있을 뿐이다. 하지만 피를 빠는 와중에 말
라리아를 일으키는 플라스모디움속*Plasmodium*의 단세포 기생충을
옮긴다. 큰 파장을 몰고 오는 연관 관계이다. 이미 5,000년 전에 중
국 의사들은 말라리아를 '모든 열의 어머니'라고 칭했다. '간헐열'이
라는 전형적인 열 발작은 플라스모디움 원충이 —신체의 자생적 방
어기제에도 끄떡 없이 — 숨어들어서 증식했던 적혈구들을 갑자기 떠
나면서 일어난다. 적혈구가 파괴되면서 극단적이고 치명적인 열을
유발하는 분해 산물이 방출된다. 그 사이에 원충은 또 다른 건강한
혈구를 찾아 침입한다. 말라리아 종류에 따라 48~72시간 후에 다
음 발작이 뒤따른다.

말라리아는 한 개인의 운명을 넘어서는 결과를 초래하기도 했다.
이탈리아 토스카나 지방의 모기가 없는 산등성이의 그림같이 아름
다운 곳에 많은 마을들이 생긴 것도 이 병 덕분이다. 또 들판에 주둔
해 있던 군대 전체가 적군이 아니라 모기들이 싣고 온 플라스모디움

의 공격에 무너짐으로써 야기된 세계사의 뜻밖의 반전들 역시 그런 경우라고 할 수 있다.

말미잘은 식물이다? 대개 식물과 동물은 몸의 대칭상태를 보고 아주 간단하게 구별할 수 있다. 동물은 일반적으로 좌우대칭이다. 그러니까 왼쪽과 그것을 거울어 비친 상과 같은 오른쪽이 있다. 식물은 방사대칭을 선호하는 듯하다. 튤립이나 장미꽃은 아무 데나 잘라도 서로 대칭이다. 그런데 두슨 일이든 항상 간단치만은 않다는 것이 복잡한 난초꽃을 보면 분명해진다. 난초꽃은 단 하나의 대칭면만 가지고 있다. 금어초, 클로버 또는 세이지의 경우도 이와 다르지 않다.

　동물의 경우에는 예외가 훨씬 드물다. 그래서 방사대칭인 많은 동물들이 식물 이름을 갖게 된 것은 놀랄 일이 아니다. 극피동물에 속하는 해삼(해삼, 260쪽 참조)이나 말미잘(독일어로 해삼은 바다오이라는 뜻의 Seegurke이고, 말미잘은 바다아네모네라는 뜻의 Seeanemone다. 영어로도 각각 sea cucumber와 sea anemone다― 옮긴이)이 그렇다. 말미잘의 경우 한곳에 붙어 자란다는 점, '줄기'와 '꽃부리'를 가졌다는 점 때문에 더 식물과 유사해 보인다. 그런데 이것은 자포동물들에게는 일반적인 구조이다. 꽃부리는 독성 자포로 무장되어 있고 먹이를 사냥해서 가운데 있는 입구멍으로 가져가는 촉수들로 이루어졌다. 줄기 속에는 위가 있다. 소화되지 않는 것은 다시 입으로 배설한다. 아주 원시적인 구조로 필수적인 것만 갖추고 있는 자포동물들은 나중에는 일반적인 것이 된 입과 항문의 분리라는 사치를 아직 누리지 못하고 있다.

말벌들은 한 둥지에서 같이 월동한
다? 그들은 여름에만 춤을 춘다. 겨울에는 다락에서 커다란 말벌
둥지를 발견해도 신체의 안위를 걱정할 필요가 없다. 여름에는 감시
가 철저한 벌집들이 든 커다란 회색 종이공에 너무 가까이 가면 위
험하지만 겨울에는 전혀 위험하지 않다. 말벌 사회는 이미 몰락한
지 오래다. 임신한 여왕벌들만 틈새와 빈 나무 속에서 잘 보호받으
며 겨울을 난다. 다음 해 봄에 여왕벌들은 새로운 장소에 새로운 왕
국을 세우고 제1세대의 일벌들을 직접 양육한다. 일벌들이 둥지 건
설과 식량 조달 업무를 인계받으면 비로소 여왕벌은 본연의 임무인
번식에 집중하며 집에 머문다. 누군가 봄에 처음으로 날아다니는 말
벌들은 유난히 크다고 한다면 그 말은 옳다. 실제로 여왕 말벌들은
일벌들보다 훨씬 크다.

말벌에게 세 번 쏘이면 죽는다? 그
리고 일곱 번 쏘이면 말이 죽는다? 말벌*Vespa crabro*은 그 크기부터
가 인상적이다. 말벌은 말벌과의 다른 벌들보다 두 배나 크다. 몸길
이는 최고 3.5센티미터로 매우 인상적인 비행체다. 한 번쯤 벌에게
쏘여본 사람이라면 갑작스럽게 뒤따르는 통증을 잘 알 것이다. 하물
며 말벌 침은 얼마나 더 아플지 쉽게 상상할 수 있다. 말벌 침의 위
험성에 대한 이야기들은 이런 상상에 근거한 것일 뿐, 구체적인 경

험에 근거한 것은 아니다. 실제 경험을 통해서
사실을 검증해 본 사람은 극소수에 지나지
않는다. 그도 그럴 것이 말벌은 말벌과의
다른 종에 비해 호전성이 훨씬 적고
정말 궁지에 몰렸다고 느꼈을 때

만 쏘기 때
문이다. 설령 쏘인다 해
도 다른 벌의 침보다 더 아
프지도 않다. 물론 알레르기
가 있는 사람은 겁낼 필요가
있지만 그렇지 않다면 아주 많이
쏘여야만 위험해진다(말벌류는 흔히 와스프wasp라고 하고 특히 큰
말벌*Vespa crabro*만 호네트hornet이라고 부른다―옮긴이).

매머드의 털은 적갈색이었다? 화석

으로 남아 있는 건 보통 뼈 몇 개나 껍데기뿐이다. 연한 부위가 보존
되는 경우는 드물고, 어떤 동물이 피부와 털까지 남아 전해지는 것
은 지극히 예외적인 일이다. 겨우 몇천 년 전에 멸종된 매머드는 툰
드라 지대에서 살았는데, 툰드라 지대는 지금처럼 아주 북쪽에 위치
한 이래로 더 이상 따뜻해지지 않았다. 따라서 빙하 시대 이래로 한
번도 녹지 않은 영구 동토층에 둘러싸인 천연 냉동실 속에 매머드
사체 몇 구가 오늘날까지 거의 완벽하게 보존되어 왔다. 그래서 우

리는 매머드에 대해 상당히 잘 알고 있다. 피부색과 외부 구조도 거의 추측에 불과한 공룡과는 달리 매머드는 그대로, 과학적으로 정확하게 복원할 수 있다.

우리는 매머드가 추위로부터 보호해 주는 긴 털을 가졌다는 것을 알고 있다. 바깥쪽의 거친 털은 길이가 약 30센티미터, 굵기가 0.5밀리미터였는데, 옆구리의 길게 늘어진 털은 길이가 90센티미터나 되었다. 반면에 보온 작용을 한 속털은 훨씬 짧고 가늘었다. 시베리아에서 발견된 많은 사체에서 그런 털이나 온전한 털가죽들이 발견되었는데, 대부분 오렌지 빛이 도는 갈색이었다. 그런 이유로 박물관에 있는 대부분의 매머드 복원품은 적갈색 털을 달고 있다. 하지만 오랜 매장 기간 동안 털들이 이런 색깔로 변한 것이 아닌가 추측된다. 대부분의 색소들은 변하지 않고 수천 년을 견딜 정도로 안정적이지 않기 때문이다. 발견된 털가죽 조각들이 금발에서 갈색, 거의 검은색까지 다양하게 나타난다는 것이 상이한 보존 조건의 결과라는 추정을 가능케 해준다. 추측컨대 매머드는 털가죽의 구조와 서식 공간이라는 측면에서 자신과 가까운 사향소와 비슷한 짙은 갈색 털을 가졌던 것 같다.

매머드는 대형 코끼리였다?

우리의 상상의 세계에서 선사 시대의 코끼리는 공룡 바로 다음 자리를 차지한다. 그러나 현실의 수치는 그런 믿음을 증명해 주지 않는다. 보통 매머드, 즉 긴털매머드*Mammuthus primigenius*는 키가 2.75~3.4미터로 보통 3~3.4미터 정도인 아프리카코끼리와 거의 비슷했다. 인도코끼리는 등높이가 평균 2.4~2.9미터로 그보다 좀 작다. 물론 개체마다 편차는 상당하다. 다 자란 아프리카코끼리는 열대 으림에서는 2미터를 채 넘지 못하지만, 탁 트인 사바나에서 사는 아주 힘 센 수컷들은 키가 3.7미터나 된다. 물론 매머드의 경우에도 상황은 비슷했을 것이다. 그런데 동족들보다 6,000년 이상 더 오래 산 최후의 매머드들은 키가 겨우 1.8미터에 불과했다. 이들은 러시아의 북동부 끝

에 있는 베링 해협 근처에 위치한 브랑겔 섬 출신이다. 1만 2,000년 전 이곳에는 아주 평범한 긴털매머드들이 살았는데, 당시에 브랑겔 섬은 아직 대륙과 연결되어 있었기 때문에 이들은 시베리아 개체군의 일부였다. 브랑겔 섬이 대륙에서 분리되면서 이들의 왜소화가 시작되었고, 마침내 5,000년 뒤에는 꼬마 매머드가 등장하게 되었다. 그런데 빙하기에 채 1미터가 안 되는 꼬마 코끼리들이 출현했던 지중해의 섬들에서도 유사한 진화 경향이 나타났다. 아마도 식량의 부족과 천적의 압력의 부재가 그런 진화를 유발했던 것 같다.

맥각은 낟알 중에서 가장 좋은 것
이다? 때때로 곡식(특히 호밀)의 이삭 속에는 정상적인 낟알들
사이에 커다랗고 검은 낟알이 끼어 있는데, 이것이 맥각麥角이다. 맥
각은 기생균의 침입으로 발생한다. 맥각에는 흔히 그렇듯이 저주와
축복이 함께한다. 많은 의약품에 맥각에서 추출한 작용물질이 함유
되어 있는데 이런 물질들은 예로부터 산부인과용으로, 이를테면 분
만촉진제로 이용되어 왔다. 하지만 분량—약사의 오래된 지혜인—
이 관건이다. 많은 양의 맥각이 곡물 가루에 들어가면 이를 먹은 사
람과 가축은 유산할 위험이 있다. 또 두통, 구토, 열과 함께 만성 중
독이 시작되고 손·발가락에 개미가 기어가는 듯한 느낌인 의주감蟻
走感('성 안토니우스의 불')이 뒤따른다. 결국 혈액순환 장애로 인해
사지가 타는 듯한 통증에 시달리게 되는데 이것이 맥각 중독ergotism
이라고 불렸던 병의 증상이다. 또한 극도의 환각과 정신착란 증세도
보고되는데, 맥각에 들어 있는 일부 성분이 합성마약인 LSD와 비슷
하기 때문에 놀랄 일도 아니다. 1676년에 처음으로 맥각이 맥각 중
독의 원인임이 밝혀졌다. 그 후 농부들은 곡물을 빻기 전에 반드시
맥각을 골라낸다. 농가에서 직접 곡물을 구입해 빻으려면 방앗간에
가기 전에 꼼꼼히 살펴봐야 한다. 안 그랬다가는 자기가 구운 빵을
먹고 가려움증에 시달리는 불운을 겪게 될지도 모른다.

메밀은 곡류다? 밀이든 호밀이든 귀리든 옥
수수든 쌀이든 상관없이 곡류는 전부 화본과(벼과)이다. 그런데 메

밀은 화본과가 아니므로 일반적인 곡식도 특수한 딜도 아니다. 메밀은 수영(여러해살이풀로 어린 잎과 줄기는 식용으로 쓰고 '시금초'라고도 부른다―옮긴이)과 마찬가지로 마디풀과에 속한다. 메밀의 독일어명인 부흐바이첸Buchweizen(너도밤나무 밀이라는 뜻―옮긴이)은 너도밤나무 열매를 연상시키는 적갈색의 삼각형 열매에서 유래했다. 별명인 하이덴코른Heidenkorn(이교도의 곡식, 황야의 곡식이라는 뜻―옮긴이)은 두 가지 의미를 갖고 있다. 메밀은 '이교도'들이 처음 유럽에 전파했다. 14세기에 몽골인들이 원산지인 아무르 강 유역에서 메밀을 들여온 것이다. 또 생장 조건이 까다롭지 않은 메밀은 독일 북부 황야 지대의 양분이 적은 모래땅에서 주로 재배되었고 거친 가루로 빻아 먹었다. 그런데 요즘에는 그런 곳에서도 메밀을 거의 찾아볼 수 없다. 이제는 화학비료 덕분에 척박한 토양에서도 원한다면 까다로운 곡물을 재배할 수 있기 때문이다.

모기는 꼭 식사할 때 귀찮게 군다?

모기는 사람이 먹는 음식이 아니라 사람 그 자체에게 관심이 있다. 모기과 중에서 특이한 좋은 흡혈모기(모기, 122쪽 참조)로 주로 밤이나 습도가 높은 낮에 우리에게 접근한다. 하지만 남부 독일에서 귀찮은 '모기'인 줄 알고 손을 휘저어 접시에서 쫓아버리는 것은 파리이고(남부 독일 사투리로 뮈케Mucke는 모기, 파리를 다 뜻한다―옮긴이), 그 중에서도 가장 끈질긴 녀석은 전 세계적으로 널리 퍼져 있는 집파리다. 녀석은 이름과는 달리 집 안에만 있지 않고 '바깥에서도' 돌아다닌다.

모기는 전부 다 문다? 암컷 모기만 조심하면 된다. 수컷은 전혀 위험하지 않고 꽃만 찾아다닌다. 수컷은 비행용 근육의 연료로 쓰일 약간의 화밀만 있으면 충분하다. 하지만 알을 만들기 위해서는 영양가가 높은 먹이가 필요하다. 이것이 암컷이 피에 굶주린 이유다. 설령 암컷이 엄청난 양을 빨아댈 수 있다고 해도―한끼 식사가 자기 체중의 두 배나 될 수도 있다―피를 빼앗긴 것보다는 응고 억제물질의 주입으로 인한 가려움증이 더 불쾌하다. 그런데 정말로 위험한 것은 열대 모기 종에 의해 전염되는 말라리아나 황열병이다.

수컷 모기(그러니까 녀석들을 때려잡는 건 헛수고다)는 수북한 술 모양의 더듬이를 보면 쉽게 알아볼 수 있다. 더듬이는 비행속도 측정기로 이용되고, 또 암컷이 날아가며 내는 윙윙 소리에 반응하기 때문에 듣기에도 도움이 된다.

몽구스와 고슴도치는 뱀독에 면역성이 있다? 인도몽구스(사향고양이과의 동물, 족제비와 닮아서 고양이족제비라고도 불린다―옮긴이)는 뱀을 보고 놀라 뒤로 물러나지 않는다. 이 작은 몸집의 식육류에게는 독사마저도 그저 먹잇감일 뿐이다. 몽구스는 조심스럽게 다가갔다가 뱀이 번개처럼 달려들어 물려고 하면 뒤로 물러섰다가 또 다가가는 행동을 반복한다. 결국 뱀이 먼저 지쳐서 녀석에게 목을 물리고 마는 몽구스와 뱀의 싸움을 지켜보면 뱀독이 몽구스에게는 전혀 해를 입히지 못한다는 말을 쉽

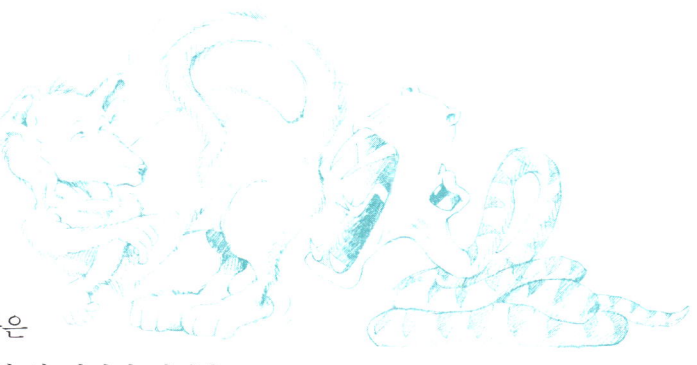

게 믿게 된다. 그
러나 항상 그런
것은 아니다. 몽
구스는 사실 사람
보다 뱀독에 덜 민
감하긴 하다. 체중은
겨우 5킬로그램밖에 안 되지만 사람을
죽일 수도 있는 양의 4배를 견뎌낸다. 하지만 나머지는 노련한 전술
덕분이다. 뱀을 자극해서 아무 성과 없는 공격을 계속하게 만드는
것이다. 촘촘한 털을 몇 번 물긴 하지만 뱀의 공격은 아무 효과도 얻
지 못하고 끝나버린다. 그 바람에 독뱀의 독이 바닥나서 제대로 물
어봤자 이젠 더 이상 효과를 얻지 못한다. 고슴도치도 뱀을 만나면
이와 비슷하게 행동한다. 이 경우에도 성급한 뱀이 곤두선 가시옷을
물다가 지쳐서 결국 죽음을 당한다.

무당벌레는 점의 수만큼 나이를

먹었다? 그냥 무당벌레는 없다. 독일에만도 서로 다른
무늬를 가진 80여 종의 무당벌레들이 있다. 가장 유
명한 녀석은 붉은 딱지날개에 검은 점이 7
개 있는 칠점박이무당벌레(칠성무당벌
레)다. 하지만 두점무당벌레(마찬
가지로 붉은 바탕에 검은 점이 있거
나 반대로 검은 바탕에 붉은 점이

있다)도 있고, 이십이점무당벌레(노란 바탕에 22개의 검은 점)도 있다. 이 반점들은 나이와는 아무 상관이 없다. 물론 많은 무당벌레가 성공적으로 겨울을 나고 그럼으로써 겨우 여름 한 철에만 제 세상을 만난 듯 춤을 추는 대부분의 곤충들보다 나이를 더 먹긴 한다. 하지만 22년은 고사하고 7년도 살지 못한다. 그리고 다른 모든 곤충들에게 적용되는 "성충이 되면 더 이상 근본적인 외모 변화는 없다"라는 원칙이 무당벌레에게도 똑같이 적용된다.

물개는 곰과 친척이다?

물개(독일어로 제베르Seebär, 즉 바다곰이다―옮긴이)들은 곰과는 전혀 상관이 없는 기각류이다. 북방 물개는 북태평양 해안에서 서식하고 8종의 남방 물개들은 주로 남반구에서 나타난다. 남방 물개들은 아르크토케팔루스속Arctocephalus에 속하는데, 이것은 '곰의 머리'라는 뜻이다. 바로 여기에 왜 물개의 독일어명이 '바다곰'인지 그 수수께끼의 실마리가 들어 있다. 실제로 물개는 머리가 크고 주둥이가 짧고 이마가 납작하고(이것이 물개과의 특징이다) 귓바퀴가 없다. 그래서 곰과 아주 약간은 비슷하지만, 당연히 더 이상의 공통점은 없다. 그건 그렇고 길이 2.3미터로 물개 중에 가장 몸집이 큰 남아프리카물

개의 독일어명이 엉뚱하게도 난쟁이물개Zwergseebär다. 어떻게 해서 이런 이름이 붙여졌을까? 동물학자들이 처음 관찰한 것이 바로 어린 물개였단다.

물고기는 듣지도 말하지도 못한

다? 고대 중국에서 금붕어를 작은 종으로 유인해 먹이가 있는 곳으로 모이게 하고 있을 때 독일에서는 여전히 물고기는 들을 수 없다고 생각했다. 그 후 행태학자인

카를 폰 프리쉬(1886~1982, 물고기의 청력이 인간보다 좋다는 사실을 증명한 독일의 동물학자이자 노벨상 수상자—옮긴이)는 과학의 힘으로 그렇지 않다는 확신을 갖게 되었다. 프리쉬가 연구한 아메리카메기는 휘파람 소리에 반응했다.

물고기는 바깥에 귓구멍이 없긴 하지만, 모든 척추동물들이 그렇듯이 소리를 지각하는 내이內耳는 갖고 있다. 많은 물고기의 경우에 부력 조절이 핵심 기능인 부레가 음향증폭기 역할을 한다. 부레는 소리에 자극을 받아 진동을 일으킨다. 일종의 체내 고막인 셈이다. 진동은 막과 액체를 통해서 내이로 전달되거나 아니면 일련의 작은 뼈들을 통해 훨씬 더 효과적으로전달된다.

그러면 발성發聲은 어떠한가? 수백 종의 어류가 '물고기처럼 벙어

리'가 아니다. 이를테면 녀석은 부레를 이용해서 으르렁거리는 소리를 내는데, 이때 부레는 근육에 의해 재빠른 진동상태가 된다. 수컷이 놀라울 정도로 큰 코고는 듯한 소리나 꿀꿀거리는 소리, 북 치는 듯한 소리나 꽥꽥거리는 소리를 내는 민어과의 많은 물고기들도 이와 비슷한 방법을 쓴다. 더욱 특이한 것은 하스돔류인데, 이 물고기들은 이빨을 간다. 이 소리는 부레를 통해 크고 분명한 꿀꿀거리는 소리로 증폭된다.

물고기가 배를 위로 하고 헤엄치면 죽은 것이다?

업사이드다운캣피시up side-down catfish(메기의 일종 —옮긴이)는 이 규칙에서 예외이다. 녀석은 조류藻類와 수중식물 잎의 아랫면에 사는 작은 무척추동물, 수면에 비상착륙한 곤충들을 먹고산다. 그 때문에 녀석은—이름만 봐도 알 수 있다—대개 누워서 헤엄친다. 일반적으로 물고기들은 위장을 위해 위쪽은 어둡고 아래쪽은 밝은 색인데 업사이드다운캣피시는 같은 이유에서 반대로 배가 어두운 색이다.

물고기는 물에서만 산다?

물론 물이 어류의 본래 서식 공간이다. 하지만 많은 물고기들이 육지로 소풍을 가기도 한다. 예를 들어 뱀장어는 강의 상류 쪽으로 여행하다가 (뱀장어, 148쪽 참조) 라인 폭포처럼 수로水路로는 극복할 수 없는 장애물을 만나기도 한다. 이런 곳에서는 밤에 젖은 돌 위나 습한 초원에서 이들을 볼 수 있다. 남아메리카의 신브란쿠스 마르모라투스 *Synbranchus marmoratus*라는 드렁허리류는 살던 곳을 떠나 새로운 하천으로 가기 위해 아마존 강 유역의 열대 우림을 지나 먼 길을 기어간다. 남아시아가 원산지인 알비노클라라는 공기 중에서도 호흡할 수 있다. 그래서 미국 플로리다에서는 양어장에서 수족관용으로 사육되던 알비노클라라들이 가슴지느러미에 있는 가시를 이용해 육지로 탈출해서 자신의 힘으로 서식지를 옮긴 적도 있다. 끝으로 주변에 물이라곤 한 방울도 없는 곳에서도 물고기와 마주칠 수 있다. 아프리카폐어는 자신의 질척한 서식지가 다 말라버리면 진흙 바닥에 구멍을 파고 들어가 숨을 쉬는 입만 내놓고 피부의 수분 증발을 억제하는 점액으로 온몸을 뒤덮은 다음 그대로 4~6개월을 버틴다. 우기가 시작되면 녀석은 좁은 감방에서 해방된다. 폐어는 실험실에서 건조한 상태를 1년이나 견뎌내기도 했다.

이제 공중에서 물고기를 만나볼 차례다. 그런데 저 유명한 날치의 공중도약은 특별한 고공비행이 아니다. 날치는 해수면에서 겨우 몇 미터 위로 날아오르고 보통은 100미터 고지를 넘기 전에 비행을 끝낸다(최고 기록은 400미터이다). 이 비행을 위해 날치는 바다 속에서 시속 70킬로미터까지 가속한 다음 가슴지느러미와 배지느러미를 활짝 펼치고 공중을 활공한다.

물고기는 변온성 냉혈동물이다? 오

직 조류鳥類와 포유류만이 온혈동물이다. 다른 동물들은 모두 체온이 주변의 온도에 좌우된다. 열을 모으기 위해서는 조정하고 햇빛을 쬐는 수밖에 도리가 없다. 많은 뱀과 도마뱀들이 그렇게 한다. 어류도 변온성이며 원칙적으로는 헤엄치고 있는 물의 온도와 체온이 같다. 하지만 이 규칙에도 몇 가지 예외가 있다. 참치, 황새치나 백상아리 같은 몸집이 크고 활동적인 수영선수들은 과도한 운동에 의해 몸이 정말 따뜻해질 정도로 많은 열에너지를 생산한다. 그래서 이 물고기들의 중심 체온은 수온보다 섭씨 10도 이상 높다. 물론 이것은 큰 장점이다. 몸이 따뜻하면 차가울 때보다 반응이 훨씬 빠르고 활동력이 더 좋아지기 때문이다. 또한 가능하면 물로 새나가는 열을 최소화하기 위해 아가미에서 심하게 냉각된 피는 우선 역류법칙에 따라 피부 밑에서 예열된 후에 신체 내부로 들어간다. 이때 아가미 쪽으로 흘러가던 따뜻한 피는 산소를 재충전하기 위해 가지고 있던 열을 산소가 풍부한 차가운 피로 전도한다.

물벼룩은 곤충이다? 비록 크기와 형태에

서는 어느 정도 유사성이 있지만 그것 말고는 흡혈 곤충인 진짜 벼룩과 작은 갑각류인 물벼룩은 서로 아주 먼 관계다. 물벼룩은 몸길이 3~4밀리미터로 연못과 웅덩이에서 길고 털이 난 더듬이를 이용하여 펄쩍 뛰듯이(벼룩과의 또 다른 유사점이다) 헤엄친다. 진짜 다리들은 온몸을 둘러싸고 있는 유리같이 속이 비치는 2장의 껍질 속에 들어 있다. 이 작은 갑각류는 다리를 이용해서 물에서 플랑크톤성 조류藻類를 걸러낸다.

물총새는 얼음과 눈을 좋아한다?

정반대다. 개울과 호수가 오랫동안 얼어 있으면
제아무리 물고기 전문 사냥꾼이라 해
도 먹이를 구하기 힘들다. 열대의 화
려한 빛깔을 뽐내는 이 새의 독일어
명은 '아이스보겔Eisvogel(얼음새라는
뜻이다―옮긴이)'이지만 엄동설한
에는 수많은 물총새들이 굶어 죽
는다.

미니토끼는 산토끼다? 이 인기 있는 애

완동물에 대한 더 많은 사실은 223쪽의 "산토끼를 길들이면 집토끼
가 된다?" 부분에 실려 있다.

파라오 시대의 밀알도 싹을 틔울 수

있다? 많은 식물의 씨앗이 추위, 더위, 가뭄에 거의 끄떡 없다.
몇 년 또는 몇십 년 동안 땅속에서 잠들어 있으면서 때가 오길 기다
린다. 보기 드문 폭우가 내린 다음이면 밤사이에 초록빛으로 뒤덮이
곤 하는 사막 얘기는 유명하다. 씨가 발아 능력을 유지하는 기간은
종에 따라 많이 다르다. 열대 우림의 식물들은 긴 궁핍기를 견뎌낼
필요가 없다. 이 식물들의 씨는 흔히 채 1년도 살지 못하기 때문이

다. 반면에 독일의 많은 식물들은 산소가 거의 없는 땅속에서도 100~200년, 심지어 더 오래 동안도 버틸 수 있다. 이것이 어떤 지역에서 완전히 사라졌다고 믿었던 식물이 어떻게 해서 갑자기 다시 나타날 수 있는지에 대한 설명이다. 최고 생존 기록은 과연 얼마나 될까? 유력한 후보 중 하나는 연꽃인데 1,000년 묵은 씨도 싹을 틔울 수 있다고 한다. 하지만 밀은 선두그룹에 끼지 못한다. 고작 10년이면 끝이다. 고대 이집트의 파라오 투탕카멘(기원전 1337년 사망)의 무덤에서 나온 아주 오래된 곡립 몇 개를 뿌린 화분에서 금방 싹이 텄다는 얘기는 결코 사실이 아니다. 거기서 싹이 난 것은 고대의 '미라 밀'이 아니라 현대의 개밀로 누군가가 몰래 집어넣은 것이었다.

바나나는 나무에서 자란다?

5~7미터에 달하는 상당한 키에도 불구하고 바나나나무는 나무가 아니다. 어떤 식물이 '나무'라는 칭호를 가질 수 있는 자격을 부여하는 것은 크기가 아니기 때문이다. 바나나의 땅 위 부분은 나무처럼 오래가지 않기 때문에 바나나는 여러해살이풀에 속한다. 거대한 잎―길이는 최고 5미터, 너비는 최고 1미터까지 자랄 수 있다―은 뻣뻣한 잎집 (잎의 기부가 집 모양으로 되어 줄기를 싸고 있는 것―옮긴이)과 함께 속이 빈 헛줄기를 형성한다. 잎이 나고 약 1년 후에 어마어마한 꽃줄기가 자라난다. 꽃줄기는 헛줄기를 뚫고 나와 큰 적갈색 잎의 겨드랑이에서 꽃을 피우는데, 이 잎은 나중에 떨어진다. 3개월이 지나면 바나나는 다 익는다. 뒤이어 바나나 초본의 땅 위 부분은 말라 죽는다. 그때쯤이면 덩이 모양의 땅속줄기(지하경)는 이미 새로운 어린 싹을 마련해 놓고 있다. 바나나는 식물학적으로 매우 유별난 특성을 하나 더 가지고 있다. 맛있는 바나나 열매가 비록 장과에 대한 일반적인 관념에서 어긋나기는 하지만, 바나나는 분명 장과이다. 식물학자들은 장과에 대해 과일장수들과는 다른 정의를 내리고 있다(장과, 209쪽 참조). 노란색 과육에 박힌 검은빛의 작은 점들은 밑씨의 잔재이다. 바나나라는 식물 자체는 무성생식, 그 중에서도 휘묻이로 번식한다.

바다나리는 해저의 꽃이다?

표본 제작자의 조심스러운 손길 밑에서 길고 가느다란 줄기로 받쳐진 고운 꽃받침들이 어두운 석판 위에 등장한다. 섬세한 꽃을 닮은 바다나리들이, 벌써 오래 전에 지나간 2억 년 전 쥐라기 바다 세계의 증인들로 박물관에 전시된다. 비록 과거의 다양한 형태와 크기에는 이제 더 이상 미치지 못하지만 이들의 친척들은 지금도 심해에 살고 있다. 예전에는 길이가 적어도 21미터는 되는 줄기와 0.5미터 길이의 '꽃잎들'을 자랑하는 바다나리들이 있었다. 지금 남아 있는 것들은 훨씬 더 짧은 줄기와 기껏해야 20센티미터 길이의 팔을 가지고 있다. 이들은 아주 연약해 보일 뿐만 아니라 실제로도 그렇다. 거센 파도가 휘젓는 바다에서는 견디지 못한다. 그래서 바다나리는 심해의 잔잔한 물 속에서만 산다. 수심 150미터 안쪽에서는 이들을 찾으려고 애쓸 필요가 없다. 최고 기록은 수심 8,330미터다.

물론 바다나리는 해저에서 피어나는 꽃이 아니다. 우리는 방사대칭이라서 식물을 연상시키는 극피동물문의 동물들(예를 들어 불가사리와 말미잘)을 알고 있는데, 바다나리도 바로 똑같은 경우다. 꽃받침은 이 동물의 몸통이고, 꽃잎처럼 보이는 것들은 플랑크톤 여과기 역할을 하는 팔이다. 이들의 가장 가까운 친척은 갯고사리류로 바다나리에서 줄기를 빼고 꽃만 남은 형태이고 자유롭게 움직일 수 있다.

바다말벌은 곤충이다? 말벌 하면 재빠

르게 쏘는 날카로운 침과 뒤따르는 갑작스런 통증이 연상된다. 거기
까지는 비교가 합당하다. 비록 바다말벌이 고도로 복잡한 곤충이 아
니라 다세포 동물 중에서도 가장 단순한 구조로 된 자포동물류에 속
하기는 하지만 말이다(해파리, 261쪽 참조). 바다말벌이라고도 불리
는 상자해파리는 예전에는 여러 가지 공통점 때문에 히파리류로 간
주되었지만, 그 후 독립적인 상자해파리강으로 분리되었다. 독일 해
역에서는 상자해파리들을 겁낼 필요가 없지만, 아열대와 열대 지방
에서는 아주 조심해야 한다.

'바다말벌'들과의 접촉으로
자칫 목숨을 잃을 수도 있기
때문이다. 16종의 상자해파
리들 중에서 2종은 굉장히
강력한 신경독을 갖고 있어서
어린아이와 청소년들은 물론
이고 신경이 예민한 성인도 그 자리에서
죽일 수 있다. 설령 목숨은 건진다 하더라도 오랫
동안 이 바다말벌들을 잊지 못할 것이다. 자포가 있는 촉수가 피부
에 닿으면 심한 회저(세포조직의 죽음—옮긴이)를 일으키는데, 치유
속도가 아주 느린데다 깊은 상처까지 남기기 때문이다. 그러니 상자
해파리 경계령이 떨어지면 해수욕장이 즉각 폐쇄되는 것도 놀랄 일
이 아니다.

바다뱀은 상상의 동물이다?

네스 호에 괴물 네시가 진짜로 사는지에 대해 말하려는 것이 아니다. 진짜 바다뱀을 만나고 싶으면 스코틀랜드의 호수에서 행운을 시험할 게 아니라 인도양이나 태평양의 따뜻한 해변으로 해수욕을 가야 한다.

운이 좋으면(아니면 바다뱀은 독사이므로 운이 나쁘면) 양옆이 납작한 노 같은 꼬리로 몸을 밀면서 120미터 깊이까지 잠수할 수 있는 녀석을 볼 수도 있다. 바다뱀은 보통 몸의 길이가 1.5미터 정도지만 최대로 3미터까지 자랄 수 있다. 그 중 몇 종은 아직도 햇빛을 쬐거나 알을 낳기 위해 정기적으로 뭍으로 올라온다. 그 나머지 종들은 새끼를 낳기 때문에 육지 여행을 할 필요가 없는 완전한 해양 동물이 되었다.

바다소는 노래할 수 있다?

"물가 풀밭에서 썩어가는 사람들의 몸뚱이, 뼈와 수축해 가는 피부 더미 옆에서 노래를 불러 마법을 전파하며" 아름다운 바다 마녀 세이렌들은 가엾은 뱃사람들을 유혹해 죽여버린다. 그리스의 시인 호메로스는 2,700년 전에 탄생한 오디세우스의 방랑을 그린 이야기에서 이렇게 쓰고 있다. 그래 좋다. 그런데 그게 바다소와 대체 무슨 상관이 있다는 건가? 해초와 거머리말 숲에서 풀을 뜯어먹는 생활방식 때문에 바다소라는 이름을 갖게 된 이 동물에게는 별명이 있다. 세이렌, 학명은 시레니아*Sirenia*(바다소목)로 죽음으로 이끄는 고대의 여가수들과 같은 이름이다. 매혹적인 노래 때문일 리는 없다. 녀석들은 작게 꽥꽥거리는 소리밖에 못 내는 것 같으니 말이다. 고대부터 근대에 이르기까지 산더미만큼 쌓여 있는 세이렌을 그린 그림들이 어쩌면 더 많은 힌트를 줄 것이다. 원래 고대 그리스 인들이 서의 하반신을 가진 것으로 묘사했던 이 상상의 존재는 곧 사람과 둘고기를 합한 몸이 되었다. 볼록한 가슴과 물고기의 꼬리를 가진 젊고 생기 있는 이 여성들은 뱃사람들을 유혹해서 파멸로 이끄는 존재로 묘사되었다. 이 점에서도 일반적인 미적 기준에 의하면 매력이 없는 편인 바다소와는 비교가 어렵다.

하지만 상상의 날개를 한번 펴보자. 배는 몇 주나 망망대해에 떠 있었고, 한참 동안 육지도 여자도 구경하지 못했다. 바람은 잔잔한데 황혼 무렵 배가 가볍게 흔들린다. 갑자기 좀 떨어진 곳에서 풍만한 육체가 물 밖으로 떠오르는데 어렴풋한 윤곽이 마치 사람처럼 보인다. 그 존재가 얼마 후에 다시 잠수하자 넓적한 물고기 꼬리가 보이더니 흔적도 없이 사라져버렸다. 이쯤에서 뱃사람들의 상상력이 약간 발동된다고 해서 이상한 일이겠는가. 실제로 바다소는 물 속에 똑바로 서서 상체를 내밀고 주위를 살필 때가 많다. 녀석의 젖샘―수유하는 암컷의 경우에는 눈에 띄게 부풀어 있다―은 가슴에 있고 어린 새끼를 꼭 껴안을 수 있는 앞지느러미는 사람의 팔을 닮았다. 녀석이 노래를 부른다는 부분만이 진짜로 뱃사람들의 허풍이다.

바다의 악마는 상상의 존재다? 물

의 정령, 인어 그리고 바다의 악마들은 동화와 신화에 나오는 특별한 친척들이라고? 그 옛날 바다의 무자비한 해적들은 자신들을 실제로 존재하는 '바다의 악마'라고 자랑스럽게 칭했다. 하지만 진짜 바다의 악마는 아귀(아귀의 독일어명이 제토이플Seeteufel인데 바다의 악마라는 뜻이다―옮긴이)라는 물고기로 그들은 이런 칭호를 가질 만하다. 아귀는 거의 2미터까지 자랄 수 있는데, 몸의 반은 머리고 머리 중에서도 입이 상당 부분을 차지한다(그래서 별명이 개구리물고기Froschfisch다). 피부색과 옆구리의 피질 돌기로 잘 위장해서 완벽하게 몸을 감추고 가늘고 길쭉한 첫번째 등지느러미로 먹잇감을 유인하는데, 등지느러미의 벌레처럼 생긴 끝부분이 이들로 가득한 주둥이 앞에서 꿈틀거린다(그래서 붙은 또 다른 별명이 낚시꾼물고기Anglerfisch다). 배를 채워보겠다고 미끼에 접근하는 녀석은 스스로 먹이가 된다. 설령 '낚시하는 개구리'보다 몸집이 크더라도 순식간에 벌어지는 입 속으로 빨려 들어가고 만다.

바다의 인광은 달빛의 반사이다?

바다의 매혹적인 반짝임을 한 번이라도 본 사람은 그 장면을 결코 잊지 못할 것이다. 특히 파도가 부서지거나 배의 용골龍骨이 물을 가를 때 바다는 밝은 푸른색이나 초록색으로 반짝반짝 빛난다. 이 멋진 광경은 한 원생동물 덕분에 누릴 수 있는 호사다. 야광충Noctiluca miliaris — 의역하면 100만 배로 밤을 밝히는 자 — 은 와편모조류에 속하지만, 여기에 속하는 다른 대부분의 작은 조류와는 달리 껍데기가 없다. 지름은 족히 1밀리미터로 원생동물치고는 상당히 큰 편이다. 물 속을 쏜살같이 질주하는 반짝이는 점들을 육안으로도 쉽게 볼 수 있는데 이들은 짧은 편모로 움직인다. 제2의 촉수는 자기보다 훨씬 작은 생물을 먹이로 낚는 데 이용된다. 야광충은 단세포 생물들 사이에서는 공포의 대상인 약탈자이다. 해수면의 인광은 거의 전세계의 바다에서 볼 수 있지만 그래도 야광충은 좀 따뜻한 곳을 더좋아한다. 예를 들어 북해 연안에서는 온화한 여름날 밤에 이 현상을 관찰할 수 있다. 부서지는 파도가 가하는 충격이 야광충을 자극해 발광하게 한다. 자극을 받은 야광충은 투입된 에너지가 모두 발광에 이용되는 극히 효율적인 반응을 일으켜 차가운 빛을 방출한다. 생물이 빛을 내는 것을 생물학자들은 생물발광이라그 부르는데 이것은 그렇게 드문 현상은 아니다. 그런데 개똥벌레(개똥벌레, 37쪽 참조)나 심해어들의 경우에는 발광의 의미와 목적을 추정하기가 쉬운데 야광충의 경우에는 아직 확실하지 않다. 이 멋진 광경의 진짜 이유를 아는 사람은 아무도 없다.

바다쥐는 해안에 사는 쥐다? 바다쥐

는 해안에 사는 쥐도 아니고 배에 사는 쥐들의 친척도 아니다. 정확히 밝히자면 바다 속에 사는 환형동물로서 길이는 최고 20센티미터, 너비는 6센티미터까지 자라고 부드러운 바닥에서 다른 동물들을 사냥해서 먹고산다(바다쥐는 갯지렁이의 일종인 양성등비늘갯지렁이의 별명이다—옮긴이). 몸에 난 촘촘한 털을 보면 이 동물에게 바다쥐라는 이름이 붙은 이유를 알 수 있다. 반면에 이 동물의 학명은 하필이면 그리스 신화의 미의 여신인 아프로디테의 이름을 따서 명명되었다. 바다쥐의 옆구리에 있는 초록과 황금빛으로 멋지게 아른거리는 강모(환형동물이나 절지동물의 몸에 난 털 모양의 빳빳한 돌기—옮긴이)를 직접 본 사람이라면 18세기 중반에 많은 동식물들을 명명하고 최초로 일목요연한 체계를 세워 정리했던 스웨덴의 생물학자 카를 폰 린네가 왜 이들에게 아프로디타*Aphrodita*라는 이름을 붙여주었는지 이해할 수 있을 것이다.

바이오톱은 연못을 나타내는 전문용어다? 단어 그대로 번역하자면 바이오톱*Biotop*은 생의 장소이다(그리스어로 bios＝생, tops＝장소). 생태학에서는 이 개념을 특정

한 군취群聚, 즉 식물, 동물과 균류, 단세포 생물과 세균 등의 생활공
동체에 의해 이용되는, 어느 정도 통일적으로 짜여진 서식 공간이라
고 정의한다. 바이오톱은 인간의 영향을 전혀 받지 않는 알프스 산
맥의 가파른 비탈이 될 수도 있고, 보행자 전용 구역의 화단 또는 집
먼지진드기들이 사는 구석진 곳일 수도 있다. 흔히 그렇듯이 이런
학술적 개념이 일상용어로 바뀌면서 의미 변화를 겪었다. 1970년대
에 들어 이 단어를 남발함으로써 일반상식으로 만들어버린 이들이
땅을 파서 못을 만든 양서류 보호론자들이었기 때문에 그 이후 개구
리가 꽥꽥거리는 웅덩이는 다 '바이오톱'이 되어버렸다.

박쥐는 머리카락 속으로 날아든다?

박쥐가 흔했고 탑처럼 높이 세워올린 괴상한 머리 도양이 유행했던
1950년대에 특히 한밤중의 이 무시무시한
만남에 대한 두려움이 만연했다. 과연 근
거 있는 악몽일까? 이미 1793년에 이탈
리아의 과학자 스팔란차니는 눈먼
박쥐도 힘들이지 않고 방향을 찾
을 수 있다는 사실을 알아냈다.
이때 청각이 중요한 역할을 한
다는 추측은 20세기에 음파탐지기가
발명된 후에야 다시 대두되었다. 그 후
더 정확한 측정방법과 정교한 실험으로
박쥐의 반향 정위定位의 비밀을 풀어보려는

시도가 계속되어 왔다. 어두운 비행 공간을 가로지르는 실을 설치해 놓고 실험을 한 적도 있다. 많은 종의 박쥐들이 불과 0.08밀리미터 굵기의 실을 문제없이 장애물로 인식하고 우아하게 우회하여 날아 갈 수 있었다. 그런데 사람의 머리카락 굵기는 0.05~0.1밀리미터 정도이다. 어떤 헤어스타일이라도 한 가닥씩의 머리카락이 아니라 많은 머리다발로 이루어진다는 점을 감안하면 박쥐가 머리를 피하 는 것쯤은 전혀 문제가 아니다. 물론 우리가 집으로 가는 길쯤은 눈 을 감고도 찾듯이, 익숙한 길에서는 음파탐지기를 미리 꺼버려서 충 분히 피할 수 있었을 장애물과 충돌했던 박쥐들이 있긴 하다. 하지 만 두려움을 불러일으키는 이 박쥐들은 그때 아마 사냥 중이었을 것 이다. 맛있는 파리가 지나가고 있을 때는 녀석들이 이따금 사람에게 위험할 정도로 가까이 다가와 퍼덕이며 날기 때문이다.

박쥐는 피를 빨아 먹는 흡혈귀다?

거의 1,000종에 이르는 박쥐들이 모든 대륙의 공중을 날아다닌다 (엄청나게 추운 남극 지방은 물론 제외된다). 독일에서는 박쥐를 무서 위할 필요가 없다. 독일의 박쥐들은 나비, 딱정벌레, 모기만을 노리 기 때문이다. 항상 습하고 1년 내내 열매와 화밀을 구할 수 있는 열 대 지방에서는 박쥐와 큰박쥐들도 이런 것들을 주로 먹는다. 반면에 어떤 박쥐들은 육식동물에 끼어 개구리를 잡아먹고, 어떤 녀석들은 저공비행을 하면서 날카로운 발톱이 달린 발로 물고기들을 잡으며, 또 어떤 박쥐들은 쥐까지 사냥한다. 그리고 하마터면 잊을 뻔했는 데, 남아메리카에 사는 피를 빨아 먹는 세 종류의 박쥐가 전체 박쥐

집단에 대한 부정적인 이미지를 만들어냈다(흡혈귀, 267쪽 참조).

박쥐는 밤에만 날아다닌다? 박쥐는 마

치 밤의 유령 같다. 어떤 박쥐들은 황혼 무렵에 날기 시작하고, 또 어떤 녀석들은 밤이 깊어야 비로소 움직이기 시작한다. 하지만 적어도 한 종의 박쥐만은 대낮에도 돌아다닌다. 독일에서 가장 몸집이 큰 박쥐 중 하나인 영국큰박쥐는 특히 가을에는 낮부터 사냥을 시작한다. 이따금 녀석들이 아름다운 햇빛 속에서 제비들과 함께 하늘 높이 나는 모습을 볼 수 있다. 그럴 때면 날개를 빠르게 펄럭이고 갑작스럽게 방향을 바꾸는 전형적인 박쥐의 비행 방식이 녀석의 정체를 금방 드러내 준다.

방울뱀의 나이는 방울 모양 고리

의 길이를 보면 알 수 있다? 모든 파충류가 그렇듯이 뱀은 성장하기 위해 허물을 벗어야 한다. 방울뱀과 북아메리카산 살모사아과의 뱀 30종의 경우에는 허물을 벗은 횟수를 꼬리를 보고 알 수 있다. 이들의 꼬리에 있는 특징적인 방울 모양의 고리가 허물을 벗을 때마다 한 마디씩 늘어나기 때문이다. 고리가 길수록 뱀이 허물을 여러 번 벗은 것이다. 이 정도만 보면 고리는 실제로 뱀의 나이를 짐작하게 해준다. 하지만 정확한 나이는 아니다. 뱀이 얼마나 빨리 자라고 얼마나 자주 허물을 벗는가는 다양한 환경에 좌우되고, 또 그것만이 나이를 반영하는 것은 아니기 때문이다.

방울 모양의 고리는 경고에 이용된다. 뱀이 꼬리를 떨면 몇 미터 밖에까지 들리는 쉭쉭거리고 바스락대는 소리가 난다. 이 경고를 진지하게 받아들이는 게 좋다. 방울뱀은 맹독성이니까 말이다.

백마는 색소결핍증에 걸렸다?

백마가 만약 그렇다면, 색소결핍증 환자는 홍채의 색소를 포함해서 모든 색소가 없기 때문에 눈이 붉어야 한다. 백마가 색소결핍의 결과가 아니라는 사실은 망아지를 보면 명백해진다. 망아지는 검은색이고 자라면서 차츰 흰색으로 변한다. 따라서 백마는 단순히 흰 말일 뿐이다.

백조는 노래할 수 있다?

실제로 노래하는 백조인 큰고니(독일어로는 '노래하는 백조'라는 뜻의 징슈반 Singschwan이다―옮긴이)가 있다. 큰고니는 북구의 툰드라와 타이가 지대의 숲에서 번식한다. 독일에서는 겨울에만 볼 수 있다. 한 무리가 함께 이동할 때면 날아가는 큰고니들의 승리감에 도취된 시끄러운 울음소리가 기분 좋은 멜로디로 들린다. 독일에 사는 혹고니와 이 북구의 가수를 구별하는 가장 좋은 방법은 부리를 보는 것이다. 큰고니의 부리는 노랑색에 끝이 검은 반면, 혹고니는 부리가 붉은색이고 이마에 검은색 혹이 있다. 혹고니의 경우에는 공원 연못가에 있는 녀석들의 둥지에 너무 가까이 다가갔을 때나 나지막이 그르렁대고 쉭쉭거리는 소리를 조금 낼 뿐이다. 혹고니는 다른 방식으로 음악을 연주한다. 녀석들이 비행할 때 내는 삐삐거리고 윙윙거리는 큰 소리는 먼 곳에서도 들린다. 반면에 큰고니는 조용한 비행사이다.

이제 '백조의 노래'가 무슨 뜻인지 설명할 차례이다. 2,300년 전에 플라톤은, 백조는 죽을 때 환호하며 백조의 노래를 부르기 시작한다고 말했다. 죽음이 신들 곁에서의 새롭고 더 나은 생으로의 문을 열어주기 때문이란다. 고대의 이 전설이 인간에게 전용되었다. 인간의 '백조의 노래'는 죽음을 앞두고 행한 최후의 중요한 연설, 후세를 위한 현명한 조언 등을 뜻한다.

뱀은 마술사의 피리소리를 듣는다?

뱀이 '마술사' 앞에서 몸을 똑바로 세우고 이리저리 움직이는 건 매혹적인 선율과는 전혀 상관이 없다. 추측컨대 뱀은 전혀 듣지 못하기 때문이다. 귓구멍이 없을 뿐만 아니라 고막이나 고실鼓室도 없다. 그 대신 뱀은 바닥의 아주 미세한 진동을 지각할 수 있다. 아마 지반에서 아래턱을 거쳐 성능이 뛰어난 내이內耳로 저주파의 음파가 전달되기 때문일 것이다. 매우 독특한 '듣기' 방법이다. 그 밖에도 뱀은 대개 시력이 좋다. 뱀 마술사의 코브라는 방해를 받거나 자극을 받으면 항상 그렇듯이 몸을 곧추세우고 만약의 위험에서 눈을 떼지 않기 위해 마술사의 흐느적거리는 동작과 피리의 움직임에 따라 제 몸을 움직이는 것이다.

뱀이 혀를 날름거리는 것은 위험 신호다?

뱀에게 세상은 형태와 색만이 아니라 냄새로도 이루어져 있다. 화학적 자극(여기에는 냄새도 속한다)을 뱀은 코보다는 입천장에 있는 두 개의 감각 구멍인 야콥슨 기관을 통해서 더 많이 지각한다. 이것이 끊임없이 혀를 날름거리는 진짜 이유다. 축축한 혀의 점막에서 방향물질이 분해된다. 두 가닥으로 갈라진 혀는 번갈아 들락날락하면서 야콥슨 기관의 두 구멍 안으로 들어간다. 죽은 생쥐가 왼쪽에 있을까 아니면 오른쪽에 있을까? 혀의 양 끝에서 느껴지는 '죽은 생쥐 냄새'의 상이한 농도가 답을 알려준다. 그러니까 혀를 날름거리는 목적은 위협이 아니라 환경 인지다. 덧붙이자면, '위선'의 상징처럼 되어버린 뱀의 갈라진 혀는 아주 실용적인 장치로서 제 일을 하고 있을 뿐이다.

뱀은 최면을 건다?

치명적인 위험이 닥쳤는데도 저항하거나 도망치지 못하고 다가오는 뱀 앞에서 마치 박제가

된 듯, 최면에라도 걸린 듯 확실한 종말을 기다리며 앉아 있는 것은
토끼만이 아니다. 사람들도 생명이 위
태로운 상황―뱀하고 마주쳤을 때뿐
만 아니라―에서는 공포로 몸이 굳
어버려 꼼짝도 못하거나 비명조차
지르지 못할 수도 있다. 그러니까 두려
움으로 인한 마비 증상은 뱀 그 자체와는
아무 상관이 없고 커다란 위험에 갑작스럽
게 직면했기 때문이다. 그런데 때로는
그런 게 오히려 도움이 되기도 한다. 뱀은
상대가 움직이는 그 순간을 노려 번개처럼

달려들 때가 많기 때문이다. 혹시 움직이지 않으면 그래도 아직은
작은 기회가 남아 있을지도 모른다.

뱀은 전부 다리가 없다? 이 말은 원칙적

으로는 맞다. 뱀의 골격은 두개골과 끝없는 척추 그리고 갈비뼈들로
구성되어 있다. 흔적만 남은 골반뼈와 바깥에서도 보이는 사지의 흔
적은 오직 원시적인 파이프뱀과 왕뱀류만이 가지고 있다. 퇴화한 작
은 다리는 아무 기능도 못하지만, 뱀이 다리가 네 개인 파충류의 후
손이라는 사실을 입증하는 작은 기념물은 된다.

뱀은 미끈거린다? 많은 뱀이 보드랍고 광택

이 나지만, 축축하고 끈적끈적하지는 않다. 미끈거리는 것은 양서류 (예를 들어 개구리, 영원, 도롱뇽)의 분비선이 많은 피부이고, 반면에 뱀, 악어, 거북, 도마뱀이 속한 파충류는 건조한 비늘옷을 입고 있다. 또 뱀이 항상 차갑지는 않다. 녀석들도 일광욕을 하고 나면 기분 좋은 따뜻한 감촉을 준다.

뱀은 전부 독이 있다? 있는 그대로의 통계

를 한번 살펴보자. 지금까지 2,800여 종의 뱀이 알려졌는데, 그 중에서 480종 정도만이 유효한 주독注毒 조직을 가지고 있다. 여기에는 독샘에서 만들어지는 독과 주입 바늘도 포함된다. 독주사는 대개 홈이 파이거나 관管 모양으로 속이 빈 독니로 되어 있고, 이 독니를 통해 독이 효과적으로 주입된다. 독이 없다고 여겨지는 많은 뱀도 사실 독성 타액을 갖고는 있지만, 그것을 제대로 주입할 방법이 없을 뿐이다. 그건 그렇고 뱀독이라고 해서 다 똑같은 독이 아니다. 어떤 것은 신경독으로 작용하고, 또 어떤 것은 출혈독으로 작용한다. 그 밖에도 많은 독들이 복잡한 작용물질들의 혼합물인 것으로 밝혀졌다.

독일의 들판에서는 겁낼 필요가 거의 없다. 중부 유럽에서 서식하는 몇 안 되는 뱀 종들은 대부분 위험하지 않다. 단지 희귀한 유럽북살모사만이 위험할 수 있다. 유럽북살모사한테 물린 후 증세가 얼마나 심각할지는 살모사가 독샘을 한 개만 비웠는지 아니면 두 개 다 비웠는지, 물기 직전에 독탱크가 얼마나 차 있었는지, 독을 큰 혈관에 직접 주입했는지 아니면 그냥 조직에 주입했는지 등에 좌우된다. 그 밖에 물린 사람의 체질도 결정적인 작용을 한다. 어떤 사람들은 뱀에 물렸다는 사실만으로도 실신하는가 하면 어떤 사람들은 별로 동요하지 않는다. 알레르기 반응도 고려해야 한다. 알레르기 환자에게는 벌침까지도 생명에 위협이 될 수 있다는 걸 우리는 잘 알고 있으니 말이다. 그래서 물린 사람들 중에는 살모사가 문 것을 아프긴 하지만 덜 위험한 말벌의 침에 비교하는 사람들이 있는가 하면 더 심하게 고통받는 사람들도 있다는 사실은 전혀 놀랍지 않다. 독일에서 우럽북살모사로 인한 사망 사건이 발생한 것은 1959년이 마지막이었다. 남유럽에서는 좀더 조심해야 한다. 그곳에는 독이 있는 살모사가 다섯 종이나 더 있다.

뱀이 독이 있는지 없는지는 겉모습만 봐서는 당장 알아차릴 수 없다. 위험하지 않은 많은 열대 뱀들이 독이 있는 친척들과 비슷해 보이려고 애쓴다. 그런 무해한 흉내쟁이가 전형적인 독사와 피부색이나 행동이 비슷해 보이면 자신을 보호하는 데 도움이 된다. 동물의 왕국에서는 널리 퍼져 있는 의태mimicry(동물들이 주변 물체나 다른 동물과 비슷하게 꾸미거나 비슷한 빛깔로 위장하는 것—옮긴이)라는 속임수이다.

뱀장어는 평생을 강에서 보낸다?

뱀장어는 오랫동안 동물학자들을 우롱해 왔다. 동물학자들이 뱀장어가 어디서 새끼를 낳는지를 밝혀내는 데는 수백 년이 걸렸다. 강은 확실히 아니었다. 강에서는 아주 어린 뱀장어도, 발달된 생식기를 가진 어른 뱀장어도 발견되지 않았기 때문이다. 이미 알려진 지 오래된, 지중해에서 붙잡은 몸의 윤곽이 버드나무 잎과 비슷한 작은 물고기를 수족관에서 장기간 기르는 데 성공했을 때 이 수수께끼의 해답에 조금 다가서게 되었다. 저것 봐라, 녀석이 뱀장어로 변했단 말이다. 그럼에도 불구하고 다시 수십 년이 지난 후에야 비로소 유럽뱀장어의 산란 장소를 발견할 수 있었다. 산란 장소는 바로 미국 해안 앞의 사르가소 해Sargasso Sea였다. 아주 작은 유생幼生들은 만의 조류潮流를 타고 6,000킬로미터를 표류해 유럽에 도착한다. 이 과정은 3년이라는 긴 시간이 걸린다. 강으로 올라가기 전에 버드나무 잎 모양의 유생은 단 하루 만에 6센티미터의 아직은 투명한 미니 뱀장어가 된다. 뱀장어는 약 10년간 민물에 머문다. 그런 다음 성욕이 솟구치면 먹이 섭취가 중단되고 장은 위축된다. 그리고 다시는 돌아오지 않을 마지막 여행이 시작된다. 1년 반 후에 뱀장어는 자기가 태어난 곳, 사르가소 해를 헤엄치고 있다. 산란 행위 자체는 오늘날까지도 비밀로 남아 있다. 아직은 아무도 그 장면을 목격하지 못했다.

벌은 딱 한 번만 쏘고 죽는다? 벌의

침은 사람에게는 매우 아픈 정도이지만, 벌 자신들에게는 치명적이다. 갈고리로 무장된 벌의 침은 말벌의 매끈한 침과는 달리 우리의 탄력적인 섬유질 피부에 한 번 박히면 빠지지 않는다. 우리는 공포에 휩싸여 벌의 공격을 피하려고 애쓰지만 결과적으로는 대개 벌의 배에서 침을 완전히 잡아 빼게 된다. 그러나 벌이 다른 곤충에게 침을 쏘았을 때는 사정이 다르다. 키틴질로 된 딱딱한 곤충의 갑각에서 벌은 문제없이 침을 다시 뽑을 수 있다. 그리고 그걸로 다시 다음 침입자를 공격할 수 있다. 또한 침은 방어를 위해서뿐만 아니라 여왕벌의 수가 너무 많다거나 짝짓기 후에 필요없게 된 수벌 등, 내부의 문제를 해결하는 수단으로도 사용된다.

모든 **벌**이 쏜다? 암벌만 조심하면 된다. 침은

산란기관에서 발달된 것이고, 산란기관은 당연히 암컷들에게만 있기 때문이다. 드로운drone이라고 불리는 수벌은 침이 없고 따라서 전혀 위험하지도 않다. 이것은 꿀벌만이 아니라 중부 유럽에만도 수백 종에 달하는 꿀벌과 전체에 해당된다. 꿀벌의 경우 침이 없는 수컷은 쉽게 알아볼 수 있다. 수컷은 암컷인 일벌보다 몸집이 크고 통통하며 머리 위까지 닿는 더 큰 겹눈을 가지고 있다. 뜨 뒷다리에 꽃가루통도 없다.

하지만 생물학에서 흔히 그렇듯이 예외 없는 규칙은 없다. 특히 남아메리카와 종이 덜 다양하긴 하지만 아프리카와 아시아, 오스트레일리아에는 침이 없는 꿀벌류가 있고, 이들의 일부도 꿀과 밀랍 공급자로 이용된다. 이런 벌들의 유럽 정착 시도는 기후상의 이유로 실패했다. 침 없는 꿀벌의 암컷은 침이 비록 퇴화하기는 했지만, 그렇다고 해도 이 벌들과 어울리는 게 결코 수월하지는 않다. 녀석들은 심하게 물어서 자신을 방어한다. 일단 한번 물으면 절대 놔주지 않는다. 심지어는 자기 머리가 뜯겨 나가는 한이 있더라도 말이다.

벌레가 사과와 자두를 갉아먹는다?

사과 속에서 진짜 벌레는, 사과가 땅바닥에 떨어져 썩기 시작하고 지렁이들에게 환영받는 디저트가 되어줄 때나 발견할 수 있다. 보통 '벌레 먹은' 사과는 작은 나방인 코들링나방의 육아실일 뿐이다. 코들링나방 암컷은 풋과일이라면 사족을 못 쓰고, 봄과 초여름에 익지 않은 사과와 여러 핵과核果(씨가 내과피가 굳어서 된 단단한 핵으로 싸여 있는 열매―옮긴이)에 하나씩 알을 낳는다.

자두에는 코들링나방과 성향이 비슷한 가까운 친척이 사는데, 바로 자두애기잎말이나방이다. 작은 유충, 이른바 '벌레'는 알에서 나온 후 과육을 갉아먹으며 과심果心 쪽으로 다가간다. 자세히 들여다보면 앞쪽 끝에 어두운 색의 머리가 분명히 보이고 그 뒤로 세 개의 체절이 연결되어 있는데, 각 체절마다 짧은 다리가 두 개씩 달려 있다. 그러니까 녀석은 틀림없이 곤충의 유충이다. 유충은 먹이 한가운데에서 마치 베이컨 속의 구더기처럼 풍요롭게 살아간다. 녀석이 파먹어서 만들어진 굴은 녀석의 배설물 부스러기로 가득 차 있다. 다 자란 유충은 비단실 같은 실을 타고 내려와 나무껍질 밑에서 겨울을 난다. 과수

재배자에게는 피해가 클 수밖에 없다. 많은 코들링나방이 여러 개의 사과를 파먹고 녀석들에게 침입당한 많은 사과들이 채 익기도 전에 나무에서 떨어져버리기 때문이다.

복족류는 나선형 껍데기를 이고 다닌다?

복족류가 전부 다 집을 지고 다니지는 않는다는 것을 적어도 정원사들은 알고 있다. 묘목에게 덤벼들어 무자비할 정도로 엄청난 먹성으로 먹어 치우는 민달팽이가 정원사들에게는 최대의 적 중 하나이기 때문이다. 민달팽이의 경우 껍데기가 안으로 들어가서 대폭 퇴화했거나 또는 완전히 사라졌다. 동물학자들에게는 이런 경우들이 전혀 문제가 되지 않는다. 기관의 퇴화는 생물계에서는 흔한 일이니까 말이다.

민달팽이보다 훨씬 더 동물학자들을 혼란스럽게 한 것은 두 장이 맞붙은 껍데기를 가진 복족류의 발견이었다. 그런 껍데기는 사실 조개류(부족류)에게 전형적인 것이고, 복족류와 조개류를 구별하는 데 유용한 특징이다(조개, 212쪽 참조). 그래서 이런 껍데기를 가진 것들은 처음에는 당연히 조개류로 분류되었다. 그러다가 1959년에 그런 껍데기를 가진 살아 있는 동물이 처음으로 발견되었다. 그런데 그 '조가비'를 지고 기어온 것은 뜻밖에도 복족류였다. 이 동물의 어린 시절부터 성장 과정을 더 자세히 관찰한 결과 왼쪽은 본래의 나선형 집이고, 오른쪽 껍데기는 나중에 만들어진다는 사실이 밝혀졌다. 하지만 조개의 경우처럼 양쪽이 서로 맞물려 있는 성城은 없다. 두 장이 붙어 있는 껍데기를 가진 복족류를 민물에서 보고 싶으면 일본으로 가야 한다. 이들은 따뜻한 바닷물 속에 널리 퍼져 있지만, 훌륭한 위장색 때문에 녀석들이 먹이로 삼고 있는 바닷말 위에서는 거의 알아보기 힘들기 때문이다. 아마 이것이 이런 특이한 복족류가 지금까지 정식 독일어 이름을 갖지 못하고 동물학 관련 서적에서 베르텔리니아*Berthelinia*나 미도리가이*Midorigai*라는 이름으로만 찾을 수 있는 이유일 것이다.

부싯깃은 불을 일으키기 위한 마른 목재다? 성냥이나 라이터로 금방 불을 붙일 수 있는 시대가 아니었을 때는 불을 일으키는 것이 힘겨운 일이었다. 부싯돌과 황철광 덩어리를 부딪쳐서 불꽃을 일으키던가 아니면 부싯막대를 비벼 마찰열로 불을 일으켰다. 이 경우에 작은 화덕에서 우선 마른 풀에, 그 다음으로 얇은 판자 조각에 불을 붙이기 위해서는 먼저 불꽃이 아주 가벼운 가연성 물질로 옮겨가야 했다. 이때 아주 쉽게 불이 붙고 또 오랫동안 타는 것은 나무가 아니라 말굽버섯이다. 말굽버섯은 구멍장이버섯류로서 약해진 활엽수에서 무더기로 자라는데, 특히 너도밤나무를 좋아한다. 부싯깃을 얻기 위해서는 아래쪽 자루뿐만 아니라 딱딱한 갓의 외피도 제거해야 한다. 그런 다음에 갓의 마 찌꺼기 같은 부분이 연해질 때까지 계속 두드린다. 저 전설적인 석기 시대인 '외찌Ötzi'(1991년 오스트리아와 이탈리다 접경 지역에 있는 시밀라운 빙하에서 발견된 미라로 약 5,300년 전 사람으로 밝혀졌다―옮긴이)도 작은 불꽃에서 불을 일으키기 위한 말굽버섯을 갖고 있었다. 또 말굽버섯은 지혈 작용도 하기 때문에 아마 응급처치용으로도 이용했을 것이다.

불가사리는 발이 없다? 팔이 다섯 개

이거나 혹은 더 많으면 발은 아예 필요없을 거라는 생각이 들 만도 하다. 실제로 많은 불가사리들이 움직일 때 팔을 이용한다. 하지만 겉으로 보기에는 전혀 움직이는 것 같지 않은데 바닥 위를 천천히 미끄러져 가는 불가사리를 보게 될 때가 많다. 수백 개의 작은 발(관족)들이 녀석을 앞으로 미는 것이다. 이 발들은 수압으로 기능하고 불가사리의 몸통과 팔 안에 있는 복잡한 수관계水管系(바닷물을 순환하는 관의 망상조직―옮긴이)를 통해 조종된다. 불가사리의 발은 진정한 다기능 다리로서 이동할 때만 필요한 것이 아니라 호흡에도 이용된다. 그리고 마지막으로 먹이 섭취에서도 중요한 역할을 한다. 입을 다물고 끈질기게 저항하는 조개도 빨판 발로 문제없이 열어젖힐 수 있다. 이럴 때 불가사리가 내는 힘은 어마어마하다. 50뉴턴의 지속적인 흡입력은 강력한 조개의 저항도 무력화시킨다. 1밀리미터도 안 되는 틈이면 충분하다. 불가사리의 앞으로 젖혀진 위胃의 돌기들이 그 틈으로 침입해서 살아 있는 몸을 먹어 소화시키기 시작한다.

붉은등때까치는 먹이를 아홉 마리 잡은 후에 먹는다?

잡은 먹이를 가시에 꽂아두는 습성 덕분에 붉은등때까치는 아홉 살해자, 죽음의 천사, 가시 선반공, 참새 무법자, 되새 킬러 등과 같은 고약한 별명을 얻게 되었다. 몸집이 큰 친척인 큰재개구마리와는 달리 붉은등때까치의 식량창고에 새는 오히려 귀한 편이다. 녀석은 큰 곤충들에게 사족을 못 쓴다. 하

지만 생쥐가 많은 해에는 생쥐도 즐겨 잡는다. 커다란 딱정벌레, 뒤영벌, 메뚜기류는 날씨가 나쁘면 거의 돌아다니지 않기 때문에 추위와 비는 붉은등때까치의 사냥 성과를 대폭 떨어뜨린

다. 그러니 많이 잡았을 때 일부를 가시에 꽂아 보관하는 것은 매우 유익한 전략인 셈이다. 비가 오거나 아침의 냉기와 이슬 때문에 사냥이 어려울 때는 저장해 둔 먹이로 만족한다. 곤궁기에는 식량창고를 남김없이 다 비운다. 그러니까 붉은등때까치의 비축 행위는 수학이 아니라 수요와 공급에 따르는 경제학인 셈이다. 그건 그렇고, 꼬치를 만드는 것은 단순히 보관하기 위해서만이 아니라 그 편이 먹기 더 편하기 때문이기도 하다. '꼬챙이에 꿴 딱정벌레'가 '손에 든 딱정벌레'보다 다루기 쉬운 법이니까.

비둘기는 다정하다? "쟤들은 비둘기처럼

사랑을 속삭여." 구구거리며 종종걸음으로 좋아하는 암비둘기의 주
위를 도는 수비둘기의 열렬한 구애는 시간이 지나면서 약간은 시들
해진 연인들에게 훌륭한 본보기가 되기도 한다. 태어날 때부터 날카
로운 발톱도 튼튼한 부리도 갖지 못한 이 위험하지 않은 새는 평화
의 상징이다. 하지만 착하고 상냥하기만 해서는 오래 버틸 수 없는
법이다. 좀 격의 없이 말하자면 비둘기도
사람과 같은 동물일 뿐이다. 보금자
리, 세력권, 섹스 상대를 둘러싼
다툼에서 상대를 과격하
게 위협하기도 하고 급할
때는 날갯짓, 가슴 밀치기
와 부리 치기를 이용해 싸운
다. 또 이따금 피를 볼 때
까지 싸울 때도 있다. 자
연에서는 피를 보면 대개
는 패한 녀석이 얼른 달아나버린다. 그러나 그게 불가능한
새장 안에서는 끔찍한 일이 벌어질 수도 있다. 생태학자이자 노벨상
수상자인 콘라트 로렌츠의 관찰에 따르면, 경악스럽게도 이긴 비둘
기가 패한 비둘기를 몇 시간에 걸쳐서 완전히 갈기갈기 찢어놓았다
고 한다.

비버는 물고기를 먹는다?

극도로 완강한 믿음에 크게 어긋나는 일이지만 비버는 초식동물이고 물고기는 손도 대지 않는다. 체중이 평균 25킬로그램 정도로 유럽에서 가장 몸집이 큰 설치류인 어른 비버는 하루에 5킬로그램 정도의 식물을 먹어야 한다. 여름에는 풍부한 수중식물과 수변식물 덕분에 먹이 조달에 별 문제가 없지만 겨울에는 식량이 부족해진다. 따라서 비버는 평생 동안 계속 자라는 거대한 절치를 이용해서 비상식량을 준비해 둔다. 녀석은 영양분이 많은 잔가지의 껍질을 얻기 위해 굵은 나무들도 겉보기에는 전혀 힘들이지 않고 넘어뜨린다. 집과 통나무 댐을 짓기 위해 큰가지를 쓸 때도 있는데, 이런 댐으로 물길을 막아 못을 만들어 자신만의 서식 공간을 확보한다. 비버는 나무를 쓰러뜨리기 위해 줄기가 모래시계 모양이 될 때까지 사방에서 갉아먹는다. 흔히들 나무가 어디로 쓰러질지 비버가 미리 계산한다고 생각하지만 그렇지 않다. 나무들이 주로 물 쪽으로 쓰러지는 것은 물가에서 자라는 나무들이 대부분 물 쪽으로 약간씩 기울어져 있거나, 가지가 그쪽으로 더 많이 뻗어 있어서 그 방향으로 넘어지기 때문이다. 심지어 자기가 갉은 나무에 깔려 죽는 비버도 종종 있다.

뻐꾸기는 둥지를 짓지 않고 편하게

산다? 봄에 뻐꾸기의 노랫소리가 들리면 누구나 좋아하지만, 뻐꾸기에 대한 평판은 그리 좋지 않다. 뻐꾸기의 '기만적인' 번식방법이 악명을 떨치고 있기 때문이다.

뻐꾸기의 조상들이 새끼를 위한 둥지 짓기를 포기하게 된 이유가 무엇이었는지는 밝혀지지 않았지만, 단순한 게으름 때문은 아니었을 것이다. 다른 새들이 봄이면 애써 집을 짓고 알을 품기 시작하는 동안 뻐꾸기는 쉴 새 없이 돌아다닌다. 적당한 둥지를 찾기 위해서다. 뻐꾸기 암컷의 유전자에는 자기가 낳을 알의 색깔이 정해져 있기 때문에 과거에 자기를 키워준 것과 똑같은 종의 둥지를 찾아야 한다. 바꿔치기한 알의 색깔이 양부모 후보가 낳은 알의 색과 너무 차이가 나면 의심을 받을 수 있기 때문이다. 만에 하나 양부모 새가 뻐꾸기 알을 둥지 밖으로 밀어버리면 뻐꾸기의 수고는 허사로 돌아간다.

뻐꾸기는 한 배에 알을 스무 개 이상 낳을 수 있다. 그리고 알마다 제각기 다른 둥지를 찾아주어야 한다. 그것도 아무 대나가 아니라 숙주 새들이 아직 둥지를 짓고 있거나 알을 낳는 동안에 해야 한다. 가능하면 가짜 어미와 동시에 나팔관 속에 숙성한 알을 갖기 위해서는 장기간의 관찰이 필요하다. 관찰이 끝나면 뻐꾸기는 번개처럼 재빨리 행동한다. 미리 점찍어 놓은 대리부모의 주의를 딴 데로 돌리는 수컷 뻐꾸기의 도움도 이따금 받으면서 숙주 새의 알을 하나 슬쩍 빼내고 대신 자기 알을 둥지 속으로 밀어넣는다.

뻐꾸기의 숙주 새 대부분은 뻐꾸기보다 훨씬 작다. 그래서 뻐꾸기는 동급의 다른 조류들과 비교했을 때 아주 작은 알을 낳는다. 하지만 먹는 데 있어서는 결코 겸손하지 않다. 뻐꾸기 새끼들은 양부모가 가져오는 먹이를 저 혼자 다 차지하고 정작 둥지의 진짜 주인들과는 나누지 않는다. 그래서 알껍데기에서 해방되자마자 이 뒤바뀐 아이는 등과 옆구리의 접촉에 의한 반사작용에 조종되어 자신의 경쟁자들을 모조리 밖으로 밀어내 버린다. 이로써 뻐꾸기가 왜 산란이 다 끝나지 않은 둥지에만 알을 낳는지가 분명해진다. 그래야만 자기 자식이 먼저 알을 깨고 나와 경쟁자들을 효과적으로 제거할 수 있기 때문이다.

사마귀는 교미 도중에 수컷을 잡아먹는다? 섹스와 범죄는 예부터 은밀한 매력을 발휘해 왔다. 그러니 사마귀의 사랑 행위가 음탕한 공포감을 불러일으키며 끊임없이 사람들의 관심을 끄는 것도 그다지 놀랄 일이 아니다. 스핑크스 같은 부동자세와 초록색 피부로 훌륭하게 위장한 커다란 암컷은 숨어서 기다리다가 번개처럼 재빨리 길고 가시가 난 앞다리로 사냥감을 때려 포획한다. 그때 그보다 훨씬 작은 수컷이 뒤에서 천천히 살금살금 다가와 얼른 배우자의 등에 뛰어올라 딱 달라붙어 더듬이로 암컷을 쓰다듬는다. 두 배의 끝이 서로 만난다. 몇 시간의 교미 후에 암컷의 식욕이 성욕을 이기고(만약 곤충들이 그런 욕구를 느낀다면) 아직 교미에 골몰하고 있는 배우자를 머리부터 천천히 먹어치우는 공포의 클라이맥스…….

이런 일이 일어나기는 하지만 흔히 생각하는 것처럼 항상 있는 일은 아니다. 그런데 곤충학자의 작은 관찰용 상자 안에서는 수컷들이 살아날 기회가 거의 없다. 행위가 끝난 후에 몸을 숨길 수 있는 수풀이라면 목숨을 보전할 확률이 훨씬 높다.

사슴의 나이는 뿔의 가지 수와 같다?

미리 해명하자면 가지뿔antlers은 일반 뿔horn(예를 들면 아이벡스의 뿔)과는 달리 평생 자라지 않는다. 이 점이 벌써 뿔의 가지의 수가 나이를 정확히 반영한다는 주장을 불가능하게 만든다. 수사슴의 가지뿔―순록만이 숙녀들도 머리 장식을 달고 있다―은 매년 새로

난다. 피부와 털, 즉 연모피軟毛皮로 덮여 있는 한 뿔은 살아 있고 성장한다. 그렇지만 가지뿔은 죽은 다음에 비로소 제 기능을 발휘한다. 연모피를 문질러서 제거하면 매끈한 뼈(나각)가 드러난다. 짝짓기 철이 지나 가지뿔이 임무를 마치고 나면 가지가 난 양 뿔袋角이 떨어진다. 그리고 다음 결혼 시즌 때까지 새로운 뿔이 다시 자란다.

어린 사슴은 태어난 다음 해에 최초의 가지뿔을 가진다. 사슴은 '뿔 달린 자'로서의 화려한 경력을 단 두 개의 소박한 뿔로 시작한다. 그리고 해마다 점점 더 큰 가지뿔이 자라난다. 두번째 해에는 뿔 하나마다 가지가 두 개씩 생기거나 빠르면 양쪽 합쳐서 여섯 개가 되기도 한다. 가지의 수가 늘어나는 속도는 사슴의 유전적 형질과 체질에 달려 있다. 특히 가지뿔은 건강상태를 나타내기 때문에 배우자 선택의 중요한 기준이 된다. 다섯 살이 되면 젊은 사슴들은 짝짓기를 시작한다. 최대 24개의 가지(무게가 15킬로그램이나 될 수도 있는 큰 짐이다)를 가진 가장 당당한 수사슴만이 무리의 암사슴들과 짝짓기를 할 수 있는 독점적인 권리를 누린다. 물론 이 우두머리 자리도 영원한 것은 아니다. 이에 순응하지 않으려는 경쟁자들과의 끝없는 싸움 탓에 힘이 펄펄 넘치던 수사슴도 짝짓기 철이 끝날 무렵이면 기운이 완전히 다 빠지고 만다. 가까스로 겨울을 넘기고 다시는 왕년의 지위를 되찾지 못하는 경우가 허다하다. 이제 녀석은 폐물 축에 끼고,

그 점은 늙은 사슴의 초라해진 가지뿔만 봐도 분명히 알 수 있다.

사자는 사막의 왕이다? 사막은 사자에

게도 가혹한 곳이다. 사자는 기껏해야
아프리카 남서부의 칼라하리 같
은 반사막까지만 진
출할 뿐이다. 반사
막에서는 우기가 비
록 짧기는 하지만 그래
도 매년 비가 온다. 건기에는
오아시스가 필요한 물을
제공해 준다. 그렇긴 해도
사자들의 진정한 천국은 군데군데 숲이 있는 드넓은 초원에서 거대
한 동물 무리들이 한가로이 풀을 뜯는 사바나 지대이다.

사자는 가장 용감한 동물이다? 이미

밝혀진 사실이지만 동물의 행태를 인간의 잣대로 판단하는 것은 그
다지 합리적이지 못하다. 대체 동물들에게 있어서 용기는 무엇이고
또 비겁은 무엇인가? 진화는 결국 자신의 유전자 확산에 기여하는
행동만을 '보상해 준다.' 필사적인 용기로 위험을 무릅쓰고 뛰어든
자가 원하던 것을 획득하지 못할 때도 많다. 사자떼가 자기들이 막
잡은 먹잇감을 빼앗기 위해 다가오면 몇 안 되는 하이에나들이 '비

겁하게' 후퇴하는 건 당연한 일이다(하이에나, 258쪽 참조). 또 사자가 혼자 있고 하이에나들이 수적으로 우세할 때 사자가 덤불로 피하는 것 역시 당연하다. 하지만 몸집이 훨씬 더 크고 더 강하고 대개는 무리를 지어 다니는 동물인 사자가 처음부터 더 좋은 패를 쥐고 있을 때가 많다. 그러니 용감하기도 더 쉽다.

사자는 아프리카에만 있다?

빙하기에는 독일 지역에서도 사자를 볼 수 있었다고 한다. 이 사자들의 유골이 주로 동굴에서 발견되었기 때문에 동굴사자라고 불린다. 그리스 신화의 영웅 헤라클레스가 사자를 때려 죽인 이야기나, 성경에 등장하는 팔레스타인의 사자 이야기도 자연과학적 지식들과 일치한다. 옛날에는 그렇게 널리 퍼져 있었던 사자가 오늘날에는 아프리카에만 있다. 물론 작은 예외가 하나 있긴 하다. 인도의 동식물 보호구역인 기르 숲Gir forest에는 지금도 사자의 아시아 아종亞種이 250마리 정도 살고 있다.

산토끼는 눈을 뜨고 잔다?

"위험이 지나갈 때까지 기다린다." 이것은 이미 효과가 입증된 산토끼(멧토끼)의 전술이다. 꼼짝 않고 은신처에 쪼그리고 앉은 산토끼는 눈을 뜨고 자는 것처럼 보인다. 하지만 그건 착각이다. 산토끼는 상황을 정확하게 지켜보고 있다. 얼굴 옆쪽으로 치우쳐 있는 눈 덕분에 뒤에서도 몰래 접근할 수가 없다. 달아나는 게 정말 유일한 살 길이라는

것이 확실해지면, 산토끼는 질주하기 시작한다. 녀석은 출발 전에
이미 엔진출력을 최고로 높여놓았고,
맥박수는 평상시보다 두
배 증가한다. 번
개처럼 빠른 출
발─ 순식간에 시
속 80킬로미터
까지 가속된
다─이 추적자
를 순간적으로 혼란에 빠뜨리
고 아마도 목숨을 구해 줄 소중한 몇
초를 벌어 준다. 그건 그렇고 산토끼도 진짜로 잘 때는 눈을 감는다.
그때 누군가 음흉한 의도를 갖고 접근한다면 어쩔 수 없이 위험해진
다. 하지만 그럴 기회가 그리 많지는 않다. 산토끼는 하루에 단 몇
분의 숙면이면 충분하기 때문이다.

산호는 식물이다? 학명인 안토조아 *Antho-
zoa*('꽃동물'이라는 뜻이다)까지도 산호와 식물 간에 커다란 유사성
이 있음을 암시한다. 산호는 다른 대부분의 동물과는 달리 좌우대칭
이 아니며, 매우 원시적인 동물군인 강장동물에 속한다. 자루 형태
의 몸통으로 된 폴립들은 촉수들로 둘러싸인 입을 가지고 있고, 이
촉수들로 먹이를 잡는다. 대부분의 산호에서 하나하나의 폴립들은
매우 작다. 아주 많은 폴립들이 결합함으로써 산호는 굉장한 크기가

되고, 이 폴립들은 석회나 각질 물질로 이루어진 공동 골격을 만든다. 이들이 형성한 산호초들은 생물들이 이제껏 창조해 낸 최고의 건축물이다. 이것이야말로 미물들도 긴밀한 협력을 통해 스스로 환경을 만들어가고 특징을 획득해 갈 수 있다는 확실한 증거이다.

상어는 툭하면 사람을 공격한다?

특히 백상아리 또는 백상어가 피에 굶주린 괴물로 환상과 스크린 속을 어슬렁거린다. 하지만 현실은 다르다. 최고 길이 6미터에 달하는 백상아리가 비슷한 악명을 떨치고 있는 범고래와 더불어 바다 속 먹이사슬의 제일 마지막에 있긴 하다. 백상아리는 물고기뿐만 아니라 기각류와 돌고래까지 사냥한다. 하지만 사람을 공격하는 일은 드물다. 만약 공격했다면 아마 상어에게 너무 가까이 다가갔기 때문일 것이다. 백상아리는 설령 동족일지라도 가까이 다가오는 것을 아주 싫어한다. 또 수영이나 서핑을 하는 사람들의 윤곽이 녀석들이 좋아하는 먹이인 해양 포유류와 비슷해 보여서 제멋대로 간식거리로 여겼을 수도 있다. 아무튼 상어의 조금 버릇없는 호기심으로 인해 많은 사람들이 상처를 입는다. 그도 그럴 것이 상어는 흥미로운 물체가 나타나면 주둥이를 벌리고 조사할 때가 많기 때문이다. 진짜 의도야 어떻든 녀석의 면도칼처럼 날카로운 이빨은 제아무리 세심하게 다루어도 심한 상처를 남기기 일쑤다.

그러는 사이에 사냥꾼이 사냥감이 되어버렸다. 비록 백상아리가 거대한 서식 지역을 자랑하고 지중해를 포함해 전 세계적으로 따뜻한 바다라면 어디서든 산다고 해도 이제는 어디에서나 희귀해졌다.

12세가 되어야 비로소 생식 능력이 생기고, 적은 수이지만 상당히 발육된 새끼를 낳기 때문에 백상아리는 어업과 사냥꾼들에 의해 심각한 위협을 받고 있다. 공포를 불러일으키는 치열로 무장된 턱을 갖춘 다 자란 백상아리의 몸값은 상당하다. 그래서 몇몇 나라에서는 백상아리가 이미 보호 대상이다.

연간 약 30건의 사망자를 내는 공격하는 상어 종은 극히 소수에 불과하다는 사실을 말할 차례다. 백상아리 말고 사람에게 위험한 대표적인 상어는 샌드타이거상어다.

반면에 340여 종의 상어 대부분은 전혀 위험하지 않다. 많은 작은 상어들이 사람을 보자마자 줄행랑을 친다. 거대한 고래상어(몸길이가 최고 18미터로 어류 중에서 제일 크다)는 최고 11.5미터에 달하는 돌묵상어와 마찬가지로 평화로운 플랑크톤 섭취자이다.

모든 **새**가 둥지를 짓는다? 새들의 건축

물은 믿을 수 없을 만큼 다양하다. 대충대충 지은 집참새 둥지부터 정교하게 엮은 베짜는새의 집까지, 검정지빠귀의 탁 트인 대접 같은 둥지부터 오목눈이의 폐쇄된 공 모양의 둥지까지 정말 다양하다. 집을 짓는 데 동원되는 재료도 여러 가지이다. 알과 새끼들이 따뜻하게 지내고 폭신폭신한 잠자리를 갖게 하기 위해 풀줄기와 나뭇가지만 쓰이는 것이 아니다. 많은 제비들이 점토로 둥지를 짓고, 아궁이새류도 마찬가지인데 이 새의 새끼들은 모퉁이에 옆으로 난 입구가 있는 커다란 진흙공 속에서 열기뿐만 아니라 둥지를 터는 도둑들로부터도 안전하게 보호된다. 흰집칼새는 자신의 타액으로 작은 대접 모양의 둥지를 만든다(제비집, 212쪽 참조). 딱따구리들은 며칠 동안 열심히 쪼아서 나무에 굴을 판다. 기묘한 풀숲메거포드는 거대한 퇴비 더미를 쌓아놓고 그 안에서 퇴비가 썩으면서 내는 열로 알을 부화시킨다.

모든 새가 이처럼 둥지를 짓고 살까? 그렇지 않다. 어떤 새는 둥지를 짓지 않고 산다. 이를테면 황제펭귄은 남극의 만년빙 위에서 도대체 어떻게 둥지를 만들 재료를 구하겠는가? 황제펭귄은 알을 두 발 위에 균형을 잡아 올려놓고 늘어진 배의 주름으로 덮는 식으로 자기 몸을 둥지로 활용한다. 땅바닥에서 알을 품는 많은 이소離巢성 새(부화 후 곧장 둥지를 떠날 수 있는 새—옮긴이)들 역시 힘이 많이 드는 둥지 건설은 피하는데 많은 바다새들이 여기에 속한다. 모래가 움푹 파인 곳, 몇 개의 형식적인 풀줄기나 장식용 조가비 정도면 충분할 때가 다반사다. 이런 임시거처는 육아실이 아니라 단지 부화 장소일 뿐이기 때문이다. 새끼들은 알에서 나온 지 채 몇 시간도 안 돼서 벌써 부모새를 따라 그곳을 떠난다. 매는 아예 둥지 짓기를 포기하고 바위틈을 이용하거나 주위를 둘러봐서 쓸 만한 옛날 집, 이를테면 그 전해에 지어진 까마귀 둥지 같은 곳을 찾아 입주한다. 그리고 물론 뻐꾸기도 자기 둥지 없이도 잘 지낸다.

모든 새가 날 수 있다? "모든 새가 높이 난다!" 새를 알아보는 건 정말이지 식은 죽 먹기다. 부리가 있고 깃털이 있으며 위급해지면 날아가 버린다. 앞의 두 가지 특징은 실제로 예외 없이 적용된다. 하지만 나는 것을 포기한 새도 있다. 한 예

로 펭귄은 기껏해야 '물밑에서의 비행'에나 날개를 이용한다. 가장 유명한 보행자는 조류 중에서 가장 큰 타조와 남아메리카(레아 종), 오스트레일리아(에뮤), 뉴기니(화식조) 등에 사는 타조의 친척들이다. 뉴질랜드의 나라새인 특이한 키위도 모피와 비슷한 깃털옷 밑에 아주 작은 날개의 잔재가 숨어 있을 뿐이다. 날지 않는 새들은 대부분 키위처럼 괴롭힐 천적이 아예 없는 섬에서 진화해 왔다. 하지만 사람들을 따라 쥐, 고양이, 족제비 혹은 여우가 나타났기 때문에 그것도 이제는 옛날 얘기가 되어버린 곳이 많다. 이런 무방비 상태의 새들이 얼마 못 가 멸종해 버리거나 극도로 희귀해진 것은 지극히 당연한 일이다. 북대서양에서 살았던 펭귄과 비슷한 큰바다쇠오리는 스튜 냄비 속으로 들어가게 되었고, 모리셔스 섬에 살던 칠면조 수컷만 한 새인 그 유명한 도도 역시 같은 처지가 되었다(16세기 말 모리셔스 섬에 상륙한 네덜란드 인들이 도도를 식용하기 시작한 이후 인도양을 오가던 선원들이 마구잡이로 잡아먹어 도도의 개체수가 감소하기 시작했다—옮긴이). 그들은 이제 박제 몇 점과 괴상한 그림들로밖에는 아무것도 남아 있지 않다.

새만 깃털이 있다? 오늘날의 관점에서 보면

당연한 일이다. 새들은 전부 깃털이 있고, 깃털이 달린 것은 조류뿐이며, 달리 깃털이 있는 동물이 있다는 말은 누구도 들어본 적이 없을 것이다. 하지만 과거로 눈을 돌리면 복잡해진다. 약 1억 4,000만 년 전에 지금의 독일 바이에른 주가 있는 곳에서 날개를 퍼덕였을 시조새 아르케옵테릭스는 몇몇 화석에 훌륭하게 보존되고 있는 깃털 자국으로 보아 조류였음이 분명하다. 하지만 깃털의 보존상태가 아주 형편 없었던 몇몇 시조새들은 나중에야 그것이 시조새라는 것이 확인되었다. 이들의 화석은 처음에는 파충류로 분류되어 박물관 서랍 속에 잠들어 있었다. 그도 그럴 것이 시조새의 골격은 작은 공룡류의 특징을 갖추고 있었기 때문이다. '아르케옵테릭스 & Co'라는 진화 실험이 그렇게 성공적으로 진행되지 않았고, 눈앞을 날아다니는 새가 없었다면 고생물학자들은 별 미련 없이 시조새를 기묘한 작은 공룡으로 분류했을 것이다. 아주 간단해 보였던 깃털 문제는, 시조새 바로 다음 시대에 살았고 말기에는 중국까지 진출했던 깃털 달린 도마뱀들의 화석이 발견됨으로써 한층 더 복잡해진 것 같다. 그러니까 지구의 역사에서 새가 유일한 깃털 달린 짐승은 결코 아니었던 것일까?

새는 수컷이 암컷보다 아름답다?

미적 감각이 주관적인 것이고 어떤 사람들에게는 암공작의 고상하고 은은한 무늬가 수공작의 뽐내는 듯한 화려한 깃털보다 더 마음에 들수도 있다는 사실을 차치하고 보면, 새들의 세계에서 더 다채롭고 눈에 띄는 쪽은 대개 수컷이라는 점은 확실하다. 이것은 교미와 포란抱卵에서의 역할 분담과 관련이 있다. 구애할 때 대개 수컷들이 적극적인 역할을 맡는데, 암컷 앞에서 한껏 뽐내며 암컷에게 선택되기를 기다린다. 나중에 포란 작업에서는 보통 암컷이 비중 있는 역할을 맡는다. 짝짓기 경기장에 나가서 경쟁을 벌여야 하는 종의 수컷들은 특히 더 이국적인 색으로 치장한다. 예를 들어 저마다 목 깃털의 색깔이 다른 목도리도요나 전체 깃털 색, 장식깃, 괴상한 행동 양식 등에서 극치를 이루는 극락조가 그렇다.

하지만 언제나 암수간에 그런 차이가 있는 것은 아니다. 많은 종의 새들이 암수가 똑같은 색이고 차이가 있다 해도 아주 세밀한 부분에서나 구별될 뿐이다. 백로, 황새, 거위, 많은 맹금류, 갈매기, 도요목의 수많은 새들, 비둘기, 올빼미가 이런 그룹에 속하고 유럽붉은가슴울새, 솔새 같은 명금류나 까마귀도 마찬가지다. 게다가 드물지만 역할이 뒤바뀐 경우도 있다. 멀리 북쪽에 사는 도요새류인 지느러미발도요와 붉은배지느러미발도요의 경우 암컷이 수컷보다 더 화려하다. 구애와 짝짓기를 주도하는 것도 암컷이다. 그다지 힘들이지 않고 꾸미는 둥지는 주로 수컷이 짓고, 포란 작업도 전부 수컷이 담당한다. 물론 알을 낳는 것은 암컷의 몫이지만 산란과 동시에 부부 관계는 끝이 난다. 암컷에 대한 수컷의 관심은 한순간에 사그라지고 수컷은 아버지로서의 새로운 임무에만 전념한다. 그 사이에 녀석의 숙녀는 대개 이미 번식지를 떠나고 없다.

둥지에서 떨어진 새는 다시 넣어주면 안 된다? 부모새가 사람 냄새를 참지 못해 새끼를 떠나버

리기 때문이다? 그렇다면 덤불 밑에서 불쌍하게 삑삑거리며 앉아 있는 작은 솜털뭉치를 어떻게 하란 말인가? 잔인하게 들리겠지만 그대로 놔두는 것이 대개는 가장 현명한 결정이다. 어린 새들은 날 수 있게 되기 전에 미리 그다지 안전하지 않은 둥지를 떠나 며칠 동안 반은 깡충거리면서 반은 날개를 퍼덕이면서 주변을 돌아다니다가 제대로 이륙하게 되는 경우가 많다. 시끄러운 울음소리가 당황한 부모들에게 어디로 먹이를 갖다주면 되는지 알려준다. 하지만 솜털 사이로 맨 피부가 드러나 보이는 아주 속수무책인 어린 새끼들인 경우에는 사정이 다르다. 이런 새들은 실제로 살아남지 못한다. 그런데 이것은 사고가 아니라 미리 계획된 일이다. 이럴 때 부모새는 전혀 감정 없이 행동한다. 행동이 이상하거나 기운이 없는 새끼는 밖으로 내던져진다. 여기서 인간의 가치관("유아 살해!")은 무시하는 것이 사실 더 합리적이다. 그도 그럴 것이 병든 새끼는 형제들까지 감염시켜서 한 배의 새끼들이 모두 위험해질 수 있기 때문이다. 그러니까 우리 인간들이 자연에서 일어나는 일에 섣불리 개입하지 말아야 하는 충분한 이유가 있는 것이다. 하지만 사람 냄새 운운하는

주장은 사실과 다르다. 새는 우린 인간처럼 '눈目의 동물'이다. 많은 포유류와는 달리 후각은 부모 자식 사이에서 별다른 역할을 하지 못한다. 부화 초기에 심하게 방해받았다고 느끼면 둥지를 포기하는 새들이 몇몇 있기는 하다. 하지만 먹이를 달라고 조르는 새끼들은 부모새에게는 매우 강한 자극이다. 부모새는 이런 자극에 거의 저항할 수가 없다. 그러니 사소한 방해나 사람 냄새가 나는 새끼 한 마리 때문에 부모가 새끼들을 전부 버릴 거라고 걱정할 필요는 없다.

새삼은 특히 질긴 실이다? 엷은 색 실

들의 촘촘한 그물이 쐐기풀을 덮고 있다. 다시 살펴보고서야 그 그물도 식물인 것을 알아차릴 수 있다. 새삼은 특별히 튼튼한 실이 아니며 마녀나 마법사가 쓰는 도구(새삼은 독일어로 '악마의 꼰 실'이라는 뜻의 토이펠츠비른Teufelszwirn이다―옮긴이)도 아닌 그저 메꽃과에 속하는 기생식물이다(우리나라에서는 새삼과로 분류하는 학자들이 더 많다―옮긴이). 뿌리는 없고 잎은 작은 비늘 조각으로 퇴화했다. 식물이 광합성을 해서 에너지가 풍부한 당 화합물을 만드는 것을 도와주는 엽록소는 미량만 있을 뿐이다. 숙주 식물 속으로 직접 파고드는 흡입기관을 통해 새삼은 필요한 영양분을 조달한다. 새삼이 식물이라는 사실은 꽃이 피면 확실해진다. 하지만 꽃은 눈에 띄지 않는 편이다. 이 기생식물의 많은 종들은 제각기 특정한 숙주를 두고 있는데, 이 점이 이름에 반영되어 숙주에 따라 쐐기풀새삼, 아마새삼, 셀필룸새삼 또는 클로버새삼 등으로 불린다.

어떤 생물도 100°C의 온도를 견디지

못한다? 우리 인간에게 생명의 한계선은 매우 좁게 정해져 있다. 체온이 섭씨 37도에서 조금만 벗어나도 벌써 병으로 간주된다. 섭씨 42도가 넘으면 우리는 영영 끝이다. 다른 생물들에게는 아직도 한참 멀었는데 말이다. 삶의 극단주의자들은 고세균(아르케박테리아) 무리에서 발견된다. 많은 고세균들이 섭씨 60~80도에서 비로소 만족해한다. 심지어 술포로부스 아키도칼다리우스*Sulfolobus acidocaldarius*(라틴어로 caldarium은 냄비이다)는 섭씨 55도 이하에서는 추워서 죽는다. 이들은 온천에서 천연 '냄비'를 발견한다. 미국 옐로스톤 국립공원의 온천들과 약하게 빛나는 석탄 더미 위에는 테르모플라스마 아키도필룸*Thermoplasma acidophilum*이라는 어울리는 이름의 또 다른 고세균이 서식한다. 섭씨 60도와 pH1~2 정도가 이 고세균들의 구미에 딱 맞는다. 진한 황산 속에서 온천욕을 즐기는 셈이다. 물은 보통 섭씨 100도에서 끓는다. 하지만 심해는 압력이 높기 때문에 물이 훨씬 더 뜨거워질 수 있다. 그런 과열된 물이 뿜어져 나오는 심해의 분화구 근처의 섭씨 105도에서도 고세균들의 존재가 증명되었다.

샤무아는 턱에 샤무아수염이 나 있

다? 미래의 사냥꾼들이 알프스 전통 모자에 꽂을 샤무아수염을 샤무아(소목*Artiodactyla*에 속하는 초식동물로 염소와 비슷하다 ―옮긴이)들은 턱이 아니라 등에 달고 있다. 특히 화려한 샤무아수염을 얻

기 위해서는 여러 마리의 샤무아가 희생되어야
한다. 방금 죽인 샤무아의 털(설령 등에 난 것이
라고 하더라도 수염이라면 당연히 그렇게 해야 한
다고 생각하듯이)은 면도하지 않고 일일이 뽑아
낸다. 이 화려한 장식품은 길면 길수록 좋으므
로 단 1밀리미터도 포기할 수 없기 때문이다.
색상에도 까다로운 조건이 붙는다. 털은 가능하
면 검은색이어야 하지만 털끝은 반대로 밝은 색
이어야 한다.

선인장은 아프리카에서도 잘 자란

다? 몇몇 선인장 종은 인간에 의해 전 세계로 확산되었기 때문에
사실 요즘에는 이 말이 맞다. 지중해 연안국들을 여행하며 어디에서
나 커다란 손바닥선인장으로 된 울타리를 본 사람이라면 눈앞에 있

는 손바닥선인장이 토종 식물이
아니라는 것을 믿기 힘들 것이
다. 그런데 손바닥선인장은
모든 선인장과 식물들이 다
그렇듯 아메리카 출신이
다. 물론 아프리카에도 선
인장처럼 보이는 토종 식
물들이 있다. 하지만 꽃이
피면 대극과 식물임이 금

방 드러난다. 선인장과 유사한 외모는 건조 지대라는 비슷한 서식 조건 덕분이다. 아메리카산 선인장과 구대륙의 대극과 식물들은 계통발생 과정에서 물을 아끼기 위해 각자 독자적으로 비슷하게 적응하고 발달해 왔다.

성은 수정과 동시에 결정된다? 거의

모든 동물이 이 규칙을 준수한다. 하지만 악어는 여기서 벗어나 있다. 악어의 경우에는 둥지 안의 온도가 성을 결정한다. 대부분의 악어는 식물과 흙으로 언덕을 쌓고 그곳에 알을 낳는다. 60~100일이 지나면 새끼 악어들이 부화한다. 그런 부화용 언덕 안의 온도는 대개 바깥 세상과는 상관없이 항상 섭씨 30도 정도를 유지한다. 식물들이 썩으면서 발생하는 열이 온도 유지에 기여하고, 암컷의 알 돌보기도 한몫을 한다. 어미 악어는 온도가 오랫동안 섭씨 27도 아래로 내려가거나 34도 이상으로 올라가지 않도록 신경을 써야 한다. 그럴 경우 배자胚子들이 죽어버리기 때문이다. 하지만 둥지의 온도는 훨씬 더 중요한 역할이 따로 있다. 미시시피악어와 이와 관련해 조사된 그 밖의 몇 종의 경우, 알의 발생 초기 몇 주 동안의 둥지 온도가 섭씨 31도 미만일 경우에는 모두 암컷만 태어나고, 섭씨 32도 이상일 경우에는 반대로 수컷만 태어난다. 그 사이 온도에서는 암컷과 수컷이 섞여 부화한다. 다른 몇몇 악어의 경우 섭씨 31도 미만이거나 섭씨 33도 이상일 때 새끼들은 암컷이 되고, 그 중간 온도에서는 수컷도 태어날 수 있다.

이런 기이한 현상 뒤에 어떤 생물학적 의미가 숨어 있는지는 아직 밝혀지지 않았다. 단지 악어의 짝짓기 습성과 어떤 관련이 있을 것이라고 추측할 뿐이다. 많은 악어 종의 경우 엄격한 사회적 서열에 의해 몸집이 제일 큰 수컷들만이 짝짓기를 할 수 있다. 반면에 암컷들은 모두가 생식의 기회를 갖는다. 따라서 최적의 온도가 최적의 성장을 위한 기회를 보장해 줄 때만 수컷이 태어나는 것처럼 보인다. 왜소한 수컷들은 종의 번식이라는 관점에서 볼 때 실패한 투자이지만 암컷은 비록 몸집이 작더라도 일단 실패작은 아니기 때문이다.

성은 한번 정해지면 바뀌지 않는다?

우리의 성性은 우리의 운명이다. 수정되는 순간, 우리가 앞으로의 생을 여성으로 연명할 것인지 아니면 남성으로 연명할 것인지가 결정된다. 동물의 경우에는 대부분 그렇다. 하지만 자웅동체, 즉 헤르마프로디트hermaphrodite도 아주 드문 건 아니어서 복족류나 많은 기생충들한테서 나타난다. 헤르마프로디토스는 그리스 신화의 헤르메스와 아프로디테의 아들이었는데, 자기에게 반한 님프를 토 짜 놓자 신들이 그를 그 님프와 강제로 이중적 존재—반은 남자, 반은 여자인—로 결합시켰다. 자웅동체는 난세포뿐만 아니라 정자도 생성한다.

어떤 동물이 잘 살다가 어느 날 갑자기 수컷에서 암컷으로 또는 그 반대로 바뀌어버리는 것은 훨씬 더 기이한 일이다. 짚신고둥(생긴 모양 때문에 이런 이름이 붙었다)이 그런 경우이다. 이 고둥은 원래는 아메리카산이지만 1934년 이후 독일의 북해 연안에도 출몰하고 있다. 흔히 많은 고둥들이 서로의 몸 위에 올라가 짝짓기 사슬을 형성한다. 짚신고둥들 중에서 누가 주도권을 잡고 있는지는 분명하다. 아래에 있는 몸집이 더 큰 고둥들이 암컷이고, 위에는 몸집이 작은 수컷들이 앉아 있다. 그들 사이에 중간 크기의 고둥들이 있는데 이들은 수컷에서 암컷으로 변하는 중이다. 생물학자들은 이렇게 살다가 성이 바뀌는 개체를 인접적 자웅동체라고 부른다. 몇몇 물고기들 중에도 그런 자웅동체들이 있다. 놀래기류인 아르거스 래스Argus wrasse는 주로 노란색의 암컷으로 태어나고 나중에 푸른색의 수컷으로 성장한다. 이들과 근연종이자 모래톱의 청소 센터 운영자로 알려진 청소놀래기(다른 물고기들의 기생충을 청소해 주는 물고기로 알려져 있다—옮긴이)는 수컷 한 마리와 여러 암컷으로 구성된 하렘에서 산다. 수컷이 사라지면 다른 수컷이 나타나 주인을 잃은 암컷들을 떠맡거나 아니면 하렘의 숙녀 중 하나가 며칠 안에 새로운 보스로 변신한다.

모든 세균이 질병을 일으킨다?

물론 질병을 일으키는 세균들이 많이 있다. 근대까지 인류에게 고약한 재앙이었던 페스트와 콜레라는 디프테리아, 탄저병, 매독, 기타 많은 병과 마찬가지로 세균성 질병이다. 페니실린과 다른 항생제들이 발견된 이후에야 비로소 세균에 대한 공포에서 어느 정도 벗어날 수 있었다.

그런데 우리는 흔히 세균을 탓할 때 단지 소수의 종류만이 질병을 유발한다는 사실을 간과하기 십상이다. 대부분의 세균들에게 우리 인간은 있어도 그만 없어도 그만인 존재다. 세균은 우리 인간을 필요로 하지 않는다. 그렇지만 우리는 그들이 꼭 필요하다! 항생제 치료로 인해서 우리 몸 속의 장내균총bowel flora도 고통을 받는다면, 매우 불쾌해질 수 있다. 그런데 소화를 돕는 장내균총은 꽃을 연상시키는 이름에도 불구하고 아름다운 꽃이 아니라 주로 세균들로 이루어졌다. 사람의 몸 속에는 약 400여 종의 세균들이 살고 있고, 그들의 수는 흔히 수십 억에 이른다.

분해와 쓰레기 처리는 장 속에서뿐만 아니라 자연어서도 많은 세균들이 떠맡고 있는 중요한 임무다. 세균은 유기물 쓰레기로부터 식물에 유용한 영양소를 재생산한다. 세균의 수와 다양성, 저항력 등은 매우 인상적이며, 이 지구상에 세균이 없는 생물 서식 공간은 없다. 사해死海이건 뜨거운 간헐온천이건 땅속 수백 미터 깊이의 협곡이건 상관없이 온 지구가 세균 왕국이다. 게다가 하루 이틀 전에 이렇게 된 것도 아니다. 아마 약 35억 년 전에 이 지구상에 생겨난 최초의 생물이 바로 이들 세균류 생물이었을 것이다.

세포는 굉장히 작다? 현미경의 발명은 호

기심 많은 자연과학자들에게 소우주로의 문을 열어주었다. 그들이 깨달은 가장 중요한 지식의 하나는 모든 생물체는 세포로 조직되어 있다는 사실이다. 세포는 생명의 기본 단위이며 동시에 개별 세포가 하나의 완전한 유기체일 수 있다. 가장 작은 세포로는 지름이 0.1~1 마이크로미터(1마이크로미터µm는 1/1000밀리미터이다)로 진짜 난쟁이인 마이코플라즈마(세균과 바이러스의 중간 형태의 미생물—옮긴이)가 있다. 보통 세균 세포는 지름이 1~10마이크르미터로 그보다 100배 이상 크다. 그리고 진핵생물(모든 단세포 생물, 균류, 식물과 동물)의 세포는 세균보다 10배는 커서 지름이 보통 10~100마이크로미터 정도다. 이것은 이 세포들의 체적이 세균의 1,000배라는 뜻이다. 짚신벌레 같은 큰 단세포 생물들은 육안으로도 분명히 볼 수 있다. 예를 들어 지중해에 사는 우산말*Acetabularia*(갓의 지름이 1센티미터가 넘으며 자루가 길고 부드러운 애주름버섯류를 닮았다)은 단 한 개의 세포로 이루어졌다. 역시 지중해의 옥덩굴*Caulerpa*(세포, 178쪽 참조)은 최대 길이가 7센티미터로 이보다 훨씬 더 크다. 그런데 옥덩굴은 많은 핵을 가지고 거대한 세포의 신진대사를 제어한다. 따라서 기능적으로는 오히려 다세포 생물에 가깝다. 각각의 핵이 자기 주변을 다스려서 정보의 혼란이 일어나지 않도록 하기 때문이다.

다세포 생물들 내에서도 세포들의 크기는 다양하다. 쉽게 우리 자신을 예로 들어보자. 인간의 세포들은 조직의 종류에 따라 크기가 대개 5~20마이크로미터이며, 난세포는 족히 0.1밀리미터는 될 만큼 크다. 하지만 거의 1미터에 달하는 신경세포의 길고 가는 돌기에 비하면 그 정도는 아무것도 아니다. 그런데 체적이 가장 큰 것은 조류鳥類와 상어의 난세포이다. 타조는 난황 전체가 하나의 세포이다!

세포에는 하나의 세포핵이 있다? 없

어도 전혀 문제가 없다는 것을 원핵생물, 즉 세포핵이 없는 생물들이 입증해 주고 있다. 세균과 남조라는 진화의 성공적인 모델들이 이 원핵생물에 속한다. 다른 모든 생물은 단세포 생물이건 식물이건 동물이건 균류이건 상관없이 진핵생물이라고 부른다. 진핵생물의 경우 유전정보(정보를 담고 있는 것은 유전물질인 DNA다)의 대부분이 이중막으로 둘러싸여 있다. 이렇게 해서 형성된 세포핵은 세포의 중앙 제어장치라고 할 수 있다.

하지만 세포 하나에 세포핵 하나라는 통념에서 벗어나는 사례들도 적지 않다. 예를 들어 점균류(하등 균류의 한 부류르서 세포는 세포막과 엽록소가 없는 끈적끈적한 덩어리다―옮긴이)는 세포를 서로 분리해 주는 세포막 없이 수많은 핵이 들어 있는 몇 센티미터 크기의 원형질 덩어리로 숲 속을 기어다닌다. 녹조류 중에도 핵이 여러 개 있는 거대한 세포를 갖는 유사한 사례들이 있다. 옥덩굴도 그 중 하나다. 이 옥덩굴은 길이가 1미터가 넘는 기어다니는 주축主軸을 갖고 있는데 여기에서 10~20센티미터 높이의 녹색 '옆상체'들이 돋아나온다. 이 전체가 단 하나의 중간막도 없는 다핵 세포이다. 단세포인 섬모충류에도 특수한 사례가 있다. 섬모충 중에서 가장 유명한 것은 짚신벌레인데, 짚신벌레는 두 가지의 서로 다른 세포핵을 가지고 있다. 수많은 유전자 복제품을 가지고 있는 대핵이 전체 신진대사를 제어하고, 한 개 이상의 소핵은 유성생식을 제어한다.

수리는 썩은 고기를 먹는다? 수리의

전형인 흰목걸이독수리는 썩은 고기만 먹는다. 반면에 다른 수리들은 기회가 생기면, 사체 썩는 냄새에 이끌린 호기심 많은 송장벌레과 곤충이든 거북이든 상관없이, 살아 있는 것도 사양하지 않고 먹는다. 수리류를 통틀어 가장 몸집이 작고 뚱뚱하고 목이 짧은 야자민목독수리만이 전혀 수리답지 않은 방식으로 영양을 섭취한다. 녀석은 초식동물이고 특히 기름야자의 열매를 좋아한다. 다만 맹금류라면 마땅히 그래야 하듯이 틈틈이 고기도 먹는다. 물고기, 게 혹은 달팽이가 그들의 별식이다. 야자민목독수리는 딱 하나뿐인 새끼에게도 기름야자나 라피아야자의 열매를 먹는다.

수소는 붉은색을 보면 흥분한다?

수소를 자극하고 싶으면 녀석에게 붉은 천만 보여주면 된다고 한다. 그러면 녀석의 맹목적인 분노가 끓어오르고 곧 싸움이 시작된다는 것이다. 그런데 수소는 색맹이다. 이 학대받는 피조물은 투우장에서

속수무책의 절망감에 빠져 자기 콧구멍 앞에서 펄럭이는 것은 모조리 다 공격한다. 그리고 목초지의 수소는 제아무리 붉은색을 피하고 위장색으로 위장했더라도 자기 세력권에 발을 들여놓는 자는 누구도 봐주지 않는다.

수염수리는 새끼양을 먹고산다?

이런 불경스런 유언비어는 아시아 내륙의 고원에서부터 유럽의 산악 지대에 이르는 수염수리(독일어와 영어명 모두가 '새끼양 수리'라

는 뜻인 레머가이어Lämmergeier와 래머가이어lammergeier다―옮긴이)
의 서식지에서 많은 수염수리(요즘에는 작은 검은색의 턱수염 덕에
대개 수염수리Bartgeier라고 불린다)의 목숨을 앗아갔다. 20세기 초
에 수염수리는 알프스에서
완전히 절멸되었다. 녀석
들은 최근 들어 명예를 회
복한 듯한데, 엄청난 금
전적, 정신적 비용을 들여
수염수리의 재정착 사업이
진행되고 있다. 그 사이 알프
스 산맥에서 처음으로 다시 새
끼 수염수리들이 태어났다. 이것
은 유럽 전역에서 여전히 극히 희귀한 거대 새(펼친 양 날개 사이의
거리가 최고 285센티미터다!)의 부활을 예고하는 작은 신호탄이다.
수염수리는 영양 전문가인데, 좋아하는 음식은 새끼양이 아니라 뼈
이고 남김없이 먹어 치운다. 그 밖에는 모든 수리들처럼 주로 죽은
동물의 썩어가는 고기를 먹는다. 한 가지 예외는 거북인데, 녀석은
거북을 움켜쥐고 공중 높이 올라가 떨어뜨려서 아주 간단히 부숴버
린다.

보크맥주는 숫염소와 관계가

있다? 독일 프랑켄 지방의 배가 볼록한 백포도주병의 복스보이
텔Bocksbeutel(염소Bock의 주머니Beutel라는 뜻―옮긴이)이라는 이름

은 실제로 숫염소 또는 숫염소의 음낭 모양에서 유래한 것이다. 반면에 보크맥주Bockbier의 경우에는 그런 약간 외설적인 연상이 전혀 타당하지 않다. 이 독한 맥주의 이름은 유명한 맥주 도시인 아인베크에서 따온 것인데, 아인베크는 예전에는 아임보크Aimbock 또는 오암보크Oambock라고 불렸다.

시금치에는 철분이 많이 들어 있다?

예나 지금이나 아이들은 식탁에서 시금치 때문에 들볶이고 있다. 시금치에는 엄청나게 많은 철분이 함유되어 있고, 철분은 혈액 생성에 기여한다는 믿음 때문이다. 후자는 옳지만, 불행히도 전자는 틀렸다. 소수점이 잘못 찍힌 과거의 식품 영양 분석표가 계속해서 그대로 인용되는 바람에 이런 완강한 편견이 생기고 말았다. 시금치 100그램에는 철분이 30밀리그램이나 함유되어 있다는 것이다. 사실은 3밀리그램에 불과한데 말이다. 그러니까 하루 철분 권장량인 10~15밀리그램을 시금치로 해결하려면 주걱으로 퍼먹어야 한다.

반면에 시금치의 비타민은 아주 훌륭하다. 하지만 많은 수산염(철분의 체내 흡수를 방해한다)과 어린아이들에게 특히 위험할 수 있는 아질산염 함량은 그리 반갑지 않다. 수확한 후 얼른 먹거나 냉동시

키지 않으면 질산염이 든 비료를 많이 뿌린 시금치에서는 아질산염
이 만들어진다. 따라서 아이들이 좋아하지 않는다면 굳이 시금치를
먹일 필요는 없다.

식물은 산소를 내뱉고 이산화탄소를 들이마신다?

밤이 되면 식물은 동물처럼 행동한다. 숨을
쉬면서 산소를 소비하고 이산화탄소를 생성한다. 하지만 낮에는 식
물의 호흡이, 이산화탄소를 소비하고 산소를 발생시키는 광합성, 즉
햇빛을 이용해 에너지가 풍부한 당 화합물을 합성하는 작용과 중첩
된다. 광합성 작용의 합성 과정이 호흡의 분해 과정보다 훨씬 더 많
은 물질을 생산하기 때문에 결산하면 야간에 광합성이 일시 중지되
더라도 산소의 생산이라는 측면에서는 이익이 많다. 정말 다행스러
운 일이다. 식물의 잉여산소가 없었다면 동물과 사람은 심각한 상황
에 처했을 테니 말이다.

식육류의 눈은 어둠 속에서 빛난다?

많은 식육목食肉目 동물들이 어둠 속에서 사냥을 하는데, 이때
쯤이면 전등 몇 개쯤은 켜져 있을 때이다. 한 번쯤은 밤에 차를 타고
가다가 전조등 불빛에 번득이는 눈들을 봤을 테니 야행성 동물의 눈
이 빛을 발한다는 것은 자명해 보인다. 그러나 이것이 사실이 아니라
는 것이 완전히 깜깜한 상태에서 입증된다. 그때는 야행성 동물의 눈
도 검다.

어둑해질 무렵에 활동하거나 심해에서 사는 동물들은 얼마 안 되는 양의 빛으로 최대한의 정보를 얻기 위해 다양하게 적응했다. 색 인지는 야행성 동물들이 거의 혹은 완전히 포기한 사치다. 색 지각을 담당하는 망막의 원추 모양의 감각세포(원추세포)는 빛이 많을 때만 기능하기 때문이다. 빛이 점점 사라져 가면 훨씬 더 민감한 막대 모양의 감각세포(간상세포)가 나서서 지각을 담당하기 시작한다. 하지만 간상세포로는 색을 식별할 수 없다. 사람의 눈에는 두 유형의 감각세포가 다 있다. 해가 지기 시작하면 우리의 원추세포에게는 너무 어두워서 간상세포가 지각을 담당하기 시작한다. 이것이 황혼 녘에 색깔이 사라지는 것처럼 보이는 이유다.

야행성 동물은 거의 전적으로 간상세포만 가지고 있다. 모든 광양자光量子를 다 포착하기 위해 간상세포들이 매우 조밀하게 배열해 있는 경우가 많다. 어떤 심해어들의 경우 망막 1제곱밀리미터에 2,000만 개의 시세포가 있다. 하지만 그렇다고 해서 야행성 동물들이 꼭 시력이 뛰어나게 좋다는 말은 아니다. 대개 많은 시세포들이 서로 연결되어 있고 정보를 한데 묶어서만 뇌로 전달하기 때문이다. 야행성 동물의 눈은 크기—크면 클수록 빛을 더 많이 포착한다—와 망막 뒤에 장착된 반사판에 의해 훨씬 더 효율적인 것이 된다. 전문용어를 쓰자면 이 '타페텀Tapetum lucidum'은 빛을 다시 반사해서 빛이 두번째로 망막을 통과하고 그러면서 재차 감각세포들을 자극하게 한다. 그러니까 눈이 빛을 발하는 것처럼 보이는 것은 바로 효율적인 잔광증폭기 때문이다. 그런데 올빼미에게는 그런 반사판이 없다. 그래서 녀석의 눈은 빛 속에서도 번득이지 않는다.

식육류는 가장 큰 발톱을 가졌다?

사자는 부드러운 앞발에 송곳처럼 뾰족하게 튀어나와 있는 거의 9센티미터나 되는 발톱을 한번 움직이기만 해도 벌써 강한 인상을 남긴다. 또 최대 길이가 10센티미터에 이르는 아메리카불곰의 발톱도 무시할 수 없다. 하지만 현생 동물들 중에서—공룡은 일단 제쳐두자—가장 큰 발톱을 가진 것은 남아메리카의 왕아르마딜로다. 이 동물은 몸길이가 1미터이고(더하기 꼬리 0.5미터) 체중은 50킬로그램이다. 발마다 발톱이 다섯 개씩 있다. 그 중에서 가장 큰 것은 앞발의 낫 모양으로 굽은 세번째 발톱이다. 최고 길이가 20센티미터에 달하는 이 발톱은 왕아르마딜로가 주식으로 삼는 흰개미들의 돌처럼 단단한 집을 들어올리는 데 유용한 도구이다. 큰개미핥기도 똑같은 문제를 안고 있다. 역시 흰개미를 즐겨 먹기 때문에 흰개미집을 파헤쳐야 하는데 녀석도 거대한 발톱으로 이 일을 해낸다. 큰개미핥기 앞발의 두번째와 세번째 발톱은 길이가 10~15센티미터이다. 이 발톱들은 방어에도 도움이 된다. 위협을 받은 개미핥기는 뒷다리로 받치고 일어서서 적을 꼭 껴안으면서 날카로운 발톱으로 적의 등을 짓누른다. 이런 식으로 재규어까지 물리칠 수 있다고 한다(아르마딜로와 개미핥기 둘 다 빈치류로서 개미나 벌레를 잡아먹는다—옮긴이).

모든 **식육류**가 육식동물이다? 식육

류는 포유류의 한 목으로 상당히 통일된 두개頭蓋 구조를 보고 쉽게 구별할 수 있다. 체중이 100그램밖에 안 되는 무산흰족제비이든 1,000킬로그램이나 나가는 불곰이든 상관없이 식육목의 특징은 아주 커다랗고 날카로운 송곳니들과 입 안쪽의 어금니들로 이루어진 분쇄용 날처럼 기능하는 날카로운 이빨들이다. 라틴어 명칭인 카르니보라*Carnivora*(육식동물)에는 식육류의 음식 기호가 반영되어 있다. 실제로 많은 식육목 동물들이 고기만 먹는다. 이를테면 북극의 빙원에는 달리 먹을 것이 없다는 문제를 안고 있을 법한 흰곰이 그렇다. 하지만 많은 식육목 동물들이 식물의 섬유질을 완전히 거부하지는 않는다. 종종 개와 고양이가 어색한 동작으로 풀을 뜯어먹는 모습을 볼 수 있다. 어떤 동물들의 경우에는 식물이 먹이의 상당 부분을 차지하기도 한다. 오소리와 불곰은 이에 대한 적응으로 식물을 잘게 부수는 데 유용한 넓은 어금니를 가지고 있다. 게다가 식육류 중에는 진짜 초식동물도 있는데 바로 왕팬더이다. 녀석의 이빨을 보면 약간 큰 송곳니만이 그가 식육류라는 사실을 일깨워준다.

왕팬더는 고기를 먹지 않는 대신 큰 대가를 치르고 있다. 보통 전문적인 초식동물은 장이 길고, 세균과 단세포 생물의 도움을 받아서 소화가 잘 안 되는 식물성 먹이를 분해시키는 발효실을 가지고 있다. 그런데 왕팬더에게는 이 두 가지가 다 갖추어져 있지 않다. 녀석은 여전히 육식을 하는 친척들처럼 짧은 장을 가지고 있다. 그런 장으로는 먹은 양의 17퍼센트밖에 소화시키지 못한다(비교하자면 소의 소화율은 80퍼센트이다). 그러니 어마어마한 양을 먹어 치우는 수밖에 달리 도리가 없다. 하루에 거의 40킬로그램에 달하는 물기 많은 죽순이나 15킬로그램의 잎과 줄기를 먹는데, 체중은 75~110킬로그램으로 사람보다 약간 더 무거운 정도다. 그러니 팬더가 매일 16시간을 먹는 데 보내는 것은 어쩌면 당연한 일이다. 그리고 미처 소화되지 않은 음식을 배설하는 것 역시 어쩔 수 없다. 중국의 산속 숲에서 야생하는 팬더들을 닷새 동안이나 몰래 쫓아다녔던 열혈 팬더 연구가들은 팬더가 매일 똥더미 95개(또는 한 시간에 4개)를 만들어낸다는 것을 알아냈다.

쌍둥이는 지문까지 똑같다? 지문이

진실을 밝히고 죄를 입증한다. 모든 증거가 완벽해 보였다. 그런데 갑자기 범인이 자신의 쌍둥이를 소개한다. 그의 짓이었던 것이다. 일란성 쌍둥이는 결국 클론(클론, 240쪽 참조)이다. 이들은 나중에 변칙적으로 두 개의 개체로 분열된 하나의 동일한 수정란 세포에서 발생했다. 둘은 동일한 유전자를 가진다. 그렇기 때문에 요즘 수사관들이 흔히 쓰는 신원 확인방법인 '유전적 지문', 즉 유전자 비교로는 차이점이 나타나지 않는다. 하지만 쌍둥이도 개인적 특징을 가지고 있는데, 그 중 하나가 지문이다. 혼동이 불가능한 피부 무늬인 지문은 자궁 속에서 처음 4개월 동안 생긴다. 그러니 쌍둥이도 불법적인 일을 하기 전에는 장갑을 끼어야 할 것이다.

쏙독새는 염소젖을 짠다?

고대 로마 사람들은 이런 생각에 빠져 있었다. 괴상한 이야기들로 넘쳐나는 역사책(『박물지Historia Naturalis』)을 쓴 플리니우스는 이 새가 밤에 염소들을 찾아가 젖을 빨아 먹으면 그 결과 염소는 눈이 멀어버린다고 기록했다. 플리니우스는 이 악당에게 카프리무굴루스 Caprimugulus라는 이름을 붙였는데, 이 말은 곧 '염소젖 짜는 자'라는 뜻이다. 지금도 쏙독새속은 이 학명을 쓴다. 확실히 쏙독새의 비밀스런 삶은 유언비어를 유발시킨다. 낮에는 나무껍질 색깔로 훌륭하게 위장한 이 새를 거의 찾을 수가 없다. 밤이면 녀석들은 커다란 곤충채집망 같은 주둥이로 날아다니는 곤충들을 사냥하기 위해 돌아다닌다. 쏙독새가 풀을 뜯는 가축떼 주위를 밤 유령처럼 날아다닐 때면 잠이 부족해 피곤한 목동들의 눈에는 이 새가 가축들한테서 쫓겨난 딱정벌레와 나방이 아니라 뭔가 다른 것을 찾고 있는 것처럼 보였을 것이다.

쐐기풀은 쓸모없는 잡초다?

옛날 사람들의 생각은 전혀 달랐다. 그들은 쐐기풀의 줄기에서 긴 섬유를 뽑아 그것을 꼬아 실로 이용했다. 하지만 주로 줄기의 모서리 부분에 뻗어 있는 이 섬유를 뽑아내는 일은 그리 간단치 않았다. 그들은 쐐기풀 줄기를 푹 삶아서 섬유를 추출했다. 어쨌든 신석기 시대부터 시작되었다고 입증된, 아마사(絲)와 아마포(린네르)의 원료인 아마의 재배 이전에 이미 쐐기풀이 실의 원료로 이용되었다.

하지만 그렇게 오래된 쐐기풀 제품들, 이를테면 직물 같은 것에 대한 직접적인 증거는 극소수에 불과하다. 쐐기풀 직물은 너무 빨리 분해되기 때문에 거의 남아 있지 않다. 게다가 석기 시대에는 쐐기풀이, 지금 우리가 알고 있고 또 걱정하고 있는 것처럼, 어디에나 흔한 식물이 아니었던 것이 분명하다. 이 식물은 요즘 같은 가축의 대량 사육과 화학비료 시대에는 어디에서나 흔한 양분이 풍부한 장소에서 주로 자라기 때문이다. 그러니까 석기 시대에는 기껏해야 큰 하천가의 수풀이나 얼마 안 되는 인간의 거주지 주변에나 넓게 퍼져 있었을 것이다.

1720년 무렵까지 쐐기풀은 대규모로 재배되기도 했다. 튼튼할 뿐만 아니라 달라붙어 있는 껍질 때문에 언제나 약간 까칠까칠한 쐐기풀 직물은 주로 질긴 의복과 침대보, 천막포 재료로 이용되었다. 그러나 산업화가 시작되면서 쐐기풀 제품들은 순식간에 목화에 의해 밀려났다.

오늘날 세계적으로 가장 중요한 식물성 직물의 원료인 목화 역시 아주 오래된 재배식물인데 이미 5,000년 전에 인더스 강 계곡에서, 그리고 얼마 후에는 페루에서도 재배되었다. 서유럽에서는 선박에 의한 세계적인 대량 화물운송이 발달하면서 비로소 곡화가 중요해졌다. 요즘도 '쐐기풀 천'이라고 이름 붙은 옷감을 살 수 있지만, 사실은 면으로 만들어진 것들이다.

이제 요리와 관련해서 살펴보자. 어린 쐐기풀 잎은 콤에 시금치처럼 조리하거나 샐러드로 내놓을 수 있다. 잎이 살짝 시들면 혀에서 더 이상 화끈거리지 않는다.

그런데 어떤 식물이 유용한 풀인지 잡초인지를 결정하는 기준을 우리 인간들의 입장에서만 설정해서는 안 된다. 넓게 보면 쐐기풀을 서슴없이 두번째 그룹으로 분류해서는 안 된다는 사실을 금방 알 수 있다. 가장 아름다운 나비들 중 몇몇인 공작나비와 쐐기풀나비, 붉은까불나비들은 싫건 좋건 쐐기풀의 존재에 종속되어 있다. 이 나비들의 유충은 쐐기풀의 잎을 먹고, 그것도 오직 그것만 먹기 때문이다. 그러니까 계속해서 아름다운 나비들을 보며 즐기고 싶다면 쐐기풀을 없애지 말아야 한다.

아메리카너구리는 먹기 전에 항상 먹이를 씻는다? 사실 아메리카너구리는 '씻는 곰'보다는 '더듬는 곰'이라는 별명이 더 잘 어울릴 것이다. 녀석은 얕은 개울에서 앞발로 더듬어 갈라진 곳, 틈새와 돌 밑에서 가재, 벌레, 달팽이 혹은 곤충의 유충을 찾아낸다. 잡고 나서는 킁킁거리며 냄새를 맡아봐서 먹을 수 있는 것이면 꼭꼭 씹어 먹는다. 씻는 행위에 대한 강박관념은 자기가 좋아하는 사냥방법을 쓸 수 없는 붙잡힌 아메리카너구리들에게서만 나타나는 듯하다. 잡힌 아메리카너구리는 대신 사료를 물에 던져 '씻고', 물이 전혀 없을 때는 씻는 동작을 흉내낸다.

악어는 나태하고 느리다? 이런 잘못된 평가 때문에 많은 사람들이, 겉보기에는 꼼짝 않고 물에 떠 있는 듯한 파충류에게 경솔하게 가까이 다가갔다가 목숨을 잃었다. 악어는 강력한 노 같은 꼬리를 이용해서 빠르게 가속할 수 있을 뿐만 아니라 놀랍게도 물 밖으로 멀리 뛰어오를 수도 있다. 악어에게 희생된 사람들에 대한 소름끼치는 목격담 중에는 간신히 바위나 나뭇가지

위로 도망쳐서 이젠 살았다고 안도한 사람들을 거대한 악어들이 풀쩍 점프해서 잡아 물 속으로 끌고 갔다는 보고들도 있다. 악어는 육지에서도 그렇게 할 수 있는데 독일 슈투트가르트 동물원에서는 커다란 소만악어 한 마리가 거의 관람대까지 뛰어올라 그들의 놀라운 능력을 입증한 바 있다. 그 바람에 그런 불상사를 막아줘야 할 방탄유리창이 깨져버렸다. 일반적으로 악어는 물 속에서부터 공격을 시작한다. 육지에는 일광욕이 필요할 때만 올라온다. 하지만 땅에서도 기기만 하는 것이 아니라 무거운 몸을 바닥에서 들어올려 아주 빨리 달릴 수 있기 때문에 악어를 만나면 제때에 달아나는 게 상책이다.

암모나이트는 화석이 된 달팽이

다? 껍데기가 나선형으로 감겨 있다고 해서 전부 달팽이는 아니다. 예를 들어 암모나이트가 그렇다. 암모나이트라는 이름은 양의 머리를 한 이집트의 신 아몬의 나선형으로 감긴 뿔에서 유래했다. 많은 암모나이트가 나선형으로 감겨 있을 뿐만 아니라, 양의 뿔처럼 가로로 홈이 나 있기 때문이다. 온 지구상의 퇴적암들에서 화석화된 다양한 나선형 껍데기가 다량으로 발견되는데 그 종단면을 보면 이 멸종해버린 동물들이 달팽이와 더 이상 가깝지 않다는 사실이 아주 분명해진다. 암모나이트의 종단면은 달팽이집과는 달리 내부가 나뉘져 있다. 암모나이트는 출구 쪽으로 열린 앞부분의 가장 큰 방에서 살았다. 뒤쪽의 작은 방들은 아이들 방이었고, 성장하는 동안 이용되다가 나중에 격벽에 의해 분할되었다. 껍데기의 정중앙을 절단하면 이 방들을 서로 연결해 주는 관이 보인다. 이 체관은 작은 방들의 배수와 물 속에서 헤엄치거나 움직일 때 부력을 발생시키기 위한 혼합가스의 공급에 이용되었다. 지금도 암모나이트와 모습도 닮았고 생활도 비슷한 동물이 있다. 바로 남태평양의 살아 있는 화석 앵무조개*Nautilus*다. 하지만 앵무조개는 암모나이트의 후손은 아니다. 화석이 된 앵무조개의 근연종은 암모나이트가 나타나기 오래 전부터 살고 있었다. 하지만 둘은 서로 친척이다. 둘 다 두족류*Cephalopoda*에 속한다. 그리고 두족류가 광범위한 연체동물문의 일부이기 때문에 앵무조개와 암모나이트는 모두 달팽이(연체동물문은 두족류, 복족류 등 다섯 강으로 분류되고 달팽이는 복족강에 속한다―옮긴이)의 아주 먼 친척이기는 하다. 그리고 그 증거는 얼마든지 찾아볼 수 있다.

암컷만이 새끼를 낳는다? 여성은 난세포의 생산 여부로 규정된다. 이렇게 보면 암컷이 새끼를 낳는다는 규칙에는 단 하나의 예외도 없을 듯하다. 하지만 언제나 예외는 있다. 해마는 복잡한 짝짓기 춤을 추며 두 파트너가 서로의 몸을 휘감는다. 그때 암컷이 수컷에게 알들을 넘겨준다. 수컷은 먼저 알들을 수정시킨 후에 자신의 배에 있는 육아낭에 넣어두는데, 여기에는 어떤 근육으로 닫히는 작은 구멍이 딱 하나 있다. 새끼들은 유생 단계를 거친 후에 주머니에서 밀려나온다. 이때 수컷은 산고產苦 같은 현상을 보인다. 이 출산은 동물 암컷에 의한 '정상적인' 출산처럼 호르몬에 의해 유발되는 것으로 추측된다.

훨씬 더 터무니 없는 것은 남아메리카의 다윈코개구리의 경우다. 이 개구리는 암컷 한 마리가 20~40개의 알을 낳으면 여러 마리의 수컷들이 그 알들을 수정시키고 관리한다. 얼마 후 아비들은 각자 알을 몇 개씩 나눠 입에 넣어 목에 있는 울음주머니 속에 쌓아둔다. 거기서 올챙이들이 부화하는데 처음에는 난황을 먹고살지만 나중에는 아비가 직접 생산한 배양액을 받아먹는 것으로 보인다. 새끼들은 입에서 '태어난' 다음 작은 개구리로 변한 후에야 비로소 각자의 길을 간다.

열대 우림은 비옥하다? 식물이 잘 자

라려면 네 가지 요소가 필요하다. 물, 온도, 빛 그리고 영양분이다. 열대 우림에서는 앞의 두 가지는 부족하지 않다. 연간 강수량이 최소 2,000밀리미터(독일의 세 배)이고, 평균 기온은 섭씨 27도 정도이므로 왕성한 성장은 예정된 것이나 다름없다. 식물에게 휴지기를 강요할 수 있는 뚜렷한 계절의 변화도 없다. 반면에 빛과 관련해서는 상황이 좀 어렵다. 태양이 비록 1년 내내 하늘 높이 떠 있고 짧고 어둑어둑한 낮을 동반하는 겨울을 걱정할 필요가 없는 적도 주변이 긴 하지만, 울창한 초목들 밑에는 언제나 짙은 그늘이 드리워져 있다. 열대 우림은 빛을 얻기 위한 투쟁의 장이다. 원시림의 거목들처럼 스스로 뿌리를 내리고 서서 태양 아래 한 자리를 차지할 수 없는 식물들은 다른 방법을 시도해본다. 리아나는 다른 나무들을 감고 기어올라가고, 착생식물(다른 식물의 몸 위에 붙어서 생활하지만 숙주로부터 물과 양분은 공급받지 않는 식물—옮긴이)은 숙주가 되어주는 나무의 높은 가지 위에서 싹을 틔운다. 원시림의 바닥에는 한낮에도 어스름이 깔려 있다. 오래된 나무가 쓰러지고 벌채로 좁은 길이라도 생길 때만 비로소 아래까지 충분한 빛이 내려와 닿는다. 그러면 순식간에 숲 바닥에 초록 섬이 생긴다.

이제 네번째 요소인 영양분 차례다. 일찍이 지리학자들과 인구학자들은 인도네시아 자바 섬의 열대 토양의 비옥함과 관련해 낙관적인 수치를 산출해냈다. 그들은 원시림을 개간하여 경작하면 수십억의 인구를 먹여 살릴 수 있다고 예측했다. 그러나 그들은 열대 식생植生의 넘칠 정도의 울창함과 새로 형성된 영양이 아주 풍부한 화산질 토양이 드러나 있는 자바의 예에 현혹되어 너무 성급하게 개별 사례에서 전체를 추론했다. 왜냐하면 다른 지역에서는 전혀 다른 경험을 해야 했기 때문이다. 불을 놓아 개간한 첫해에는 기록적인 수확을 거둬 들였지만 2, 3년 뒤에는 수확량이 급격하게 감소하여 경작이 더 이상 의미가 없었다. 열대 우림 지역의 토양은 대부분 땅속 깊이까지 풍화되어 양분이 거의 없다. 따라서 태운 식생의 재에서 나온 무기질이 다 쓰이거나 물에 씻겨 사라지면 식물들은 당장 양분 결핍에 시달리고, 이런 결핍은 비싼 화학비료로도 해결할 수 없다. 열대 토양에는 양분을 고정시킬 수 있는 점토 무기질이 없기 때문이다.

이 빈약한 토양에서 믿을 수 없을 정도로 다양한 종과 구조를 선보이는 가히 압도적인 식생은 모순처럼 보인다. 이 수수께끼의 해답은 영양분이 땅속이 아니라 식물들 속에 들어 있다는 것이다. 숲은 자기 자신으로부터 양분을 공급받는 것이다. 다양한 생물들간의 절묘한 조화가 양분이 물에 씻겨 내려가는 것을 막아준다. 이때 나무와 공생하는 균류가 특히 중요한 역할을 한다. 균류는 땅에 떨어진 잎과 가지뿐 아니라, 동물 배설물과 사체 역시 신속하게 분해한다. 그리고 재생한 영양분을 자신과 긴밀한 관계에 있는 나무의 뿌리에 직접 가져다준다. 균근이라고 불리는 이런 관계는 일방통행이 아니다. 균류는 그 대가로 나무로부터 광합성으로 만든 당분이 풍부한 화합물을 제공받는다. 그러니까 모든 공생이 그렇듯이 양쪽이 다 이득을 얻는 것이다.

열대 우림의 일부를 개간해버리면 이렇게 섬세하게 조율된 주고받기 시스템이 완전히 파괴될 수도 있다. 그 결과 나무 몇 그루만 사라지는 것이 아니라 수천 년에 걸쳐 모아놓은 영양분 자본이 모조리 영영 사라져버린다.

올빼미는 낮에는 보지 못하지만 아주 캄캄한 밤에는 볼 수 있다? 새 눈의 망막에는 사람의 눈과 마찬가지로 여러 유형의 감각세포들이 있다. 원추 모양의 세포(원추세포)는 색 인지를 담당한다. 이 세포들은 개별적으로 작동하기 때문에 매우 선명한 像을 발생시킨다. 그런데 원추세포의 단점은 충분히 밝아야만 작용한다는 것이다. 어두울 때는, 누구나 경험으로 알고 있듯이, 색을 인지하지 못한다. 어스름해지면 막대 모양의 감각세포(간상세포)들이 역할을 넘겨받는다. 이때는 아주 많은(최고 1,000개 이상의) 세포가 함께 작동하기 때문에 마치 잔광 증폭기처럼 작용하지만, 당연히 선명도는 떨어진다. 새를 사냥하는 피그미올빼미(올빼미, 198쪽 참조)처럼 주로 황혼 무렵과 낮에 활동하는 올빼미류는 두 가지 세포를 다 갖고 있어서 색을 인지할 수 있는 반면, 올빼미나 쇠부엉이 같은 야행성 올빼미류는 간상세포에 의존한다. 그러나 망막에 주로 간상체만 있는 진짜 야행성 올빼미들이라고 해도 낮에 완전히 장님은 아니다. 하지만 이들은 환할 때조차도 약간 흐릿한 흑백의 상을 좀더 선명한 컬러 상으로 전환시키지 못한다.

올빼미류의 눈은 심하게 커지고 굽어진 망막과 커다란 수정체를 통해 빛의 유입량을 늘렸다. 따라서 올빼미의 눈은 우리 인간의 눈보다 최소한 2.5배는 더 빛에 민감하다. 황혼 무렵에 야행성 올빼미의 나안시력은 사람보다 3배 내지 10배는 더 좋다. 하지만 이런 적응에도 불구하고 야간 사냥에서 시각은 부차적인 역할을 할 뿐이다. 칠흑같이 어두울 때는 올빼미 역시 아무것도 보지 못하기 때문이다. 그럴 때는 녀석의 믿을 수 없을 정도로 예민한 귀가 필요하다.

올빼미는 밤에만 날아다닌다?

모든 올빼미가 다 낮 동안 내내 잠을 자지는 않는다. 독일의 올빼미류 중에서 쇠부엉이는 넓은 습생초원이나 사구가 많은 지역에서 낮에도 볼 수 있다. 쇠부엉이는 주로 저녁과 이른 아침에 사냥을 즐기지만, 먹이가 부족하면 대낮에도 사냥을 한다. 유럽에서 가장 몸집이 작은 올빼미인 피그미올빼미도 황혼 무렵을 좋아한다. 녀석은 대낮에도 돌아다니는데 대신 밤에는 잠을 잘 때가 많다. 피그미올빼미는 다른 올빼미들의 식단에 올라 있기 때문에 이에 대한 대비책일 수도 있다. 그런데 달이 밝은 밤이면 피그미올빼미들도 더 이상 거리낄 것이 없다. 그런 밤이면 녀석들의 노랫소리가 멀리까지 울려 퍼진다. 먼 북구의 숲에서는 긴꼬리올빼미가 낮 동안 나무 꼭대기에 앉아 사냥감을 탐색한다. 훨씬 더 북쪽에 사는 흰올빼미는 낮에 사냥하는 수밖에 다른 도리가 없을 때가 많다. 극지방에 있는 흰올빼미의 번식지에서는 여름철이면 늦게까지 해가 지지 않기 때문이다.

올빼미의 울음은 죽음을 부른다?

사람들이 일찍 잠자리에 들던 시절에 세상은 밤이면 온통 깜깜했다. 가로등도 없고 네온사인도 없고 환한 창문도 없었다. 기껏해야 간호가 필요한 중환자의 침대 곁에나 촛불이 밝혀져 있었을 뿐이다. 그런데 빛은 마법처럼 나방들을 끌어당긴다. 그 이유는 아직까지 정확히 알지 못한다. 하지만 빛이 훨씬 적었고 나방이 흔했던 옛날에 얼마 없는 불빛에 나방떼가 구름처럼 모여들었으리라는 것은 쉽게 짐작할 수 있다. 당연히 박쥐, 추락한 나방들을 주워 모으는 땃쥐, 금눈쇠올빼미 그리고 올빼미 등 나방 애호가들도 이 대열에 합세했을 것이다. 이때 올빼미가 귀청을 뚫는 커다란 소리로 "우-후-후-후", "같이 가자"며 울고 그 며칠 후에 중환자가 죽는 다분히 있을 법한 일이 발생했다면, 우리 조상들에게 이 '죽음의 새'의 울음 소리가 얼마나 골수에 사무쳤을지 이해할 만하다.

옷좀나방은 천과 직물을 갉아 구 멍을 낸다? 그렇지 않기도 하고 그렇기도 하다. 이 작은 나방 자체를 모직코트를 갉아먹어 구멍을 낸 범인이라고 생각한다면 그 건 억측이다. 구기와 장이 거의 퇴화했기 때문에 녀석은 아무것도 먹지 않는다. 옷좀나방은 단명하며 체내에 비축된 양분으로 산다. 이제 우리는 범인이 누군지 짐작할 수 있다. 그 양분은 바로 유충이 모아놓은 것일 테니 말이다. 동물의 털이 주식인 유충은 모든 종류 의 모직물을 갉아먹지만, 면이나 다

른 식물성 섬유는 건드리지 않 는다. 그들에게 모는 건조식품 이다. 유충은 수분 손실을 방지하기 위 해 견사 같은 물질로 집을 짓고 바깥쪽은 물어뜯긴 털로 위장 한다. 녀석은 이사가

는 것을 좋아하지 않기 때문에 한 마리의 유충이 갉아먹어 생긴 피해는 대개 구멍 하나로 그친다. 일이 잘되면 2～3주 만에 외피와 털을 먹어 치운다. 물론 먹이가 부족하거나 품질이 떨어지면 좀더 오래 걸린다. 유충은 빠르면 2주 후에 나방으로서의 생을 위해 번데기가 된다. 물론 옷좀나방이 눈에 띌 때마다 손바닥으로 때려잡으면 이 불행의 악순환을 중단시킬 수 있을지도 모른다. 하지만 유감스럽게도 날아다니는 건 거의 수컷뿐이다. 알을 배서 무거운 암컷은 비행을 좋아하지 않고 숨어 지낸다. 그러니까 우리가 열심히 손바닥으로 내리쳐 봤자 대개 수컷 과잉이 극히 일부 해소될 뿐이다. 한 배에 대략 100개 정도의 알을 낳는 암컷들은 모두 무사하다.

용담은 진한 파란색 꽃을 피운다?

알프스 지방의 음식점이라면 그 유명한 용담주를 빼놓고는 생각할 수 없다. 진한 청색 꽃이 그려진 상표만 봐도 그 안에 뭐가 들었는지 알 수 있다. 그러나 그건 과대포장이다. 왜냐하면 이 술의 원료는 병에 화려하게 장식된 겐티아나 클루시이*Gentiana clusii*가 아니라 훨씬 덜 알려진 근연종인 겐티아나 루테아*Gentiana lutea*이기 때문이다. 1미터가 넘는 키 덕분에 겐티아나 루테아는 독일 용담속의 대표 주자이다. 하지만 겐티아나 루테아의 노란 꽃은 작아서 광고 효과가 떨어진다. 그래서 이 꽃들은 멀리 있는 가루받이 매개 곤충들의 시선을 끌기 위해 꽃줄기에 한데 뭉쳐 있다. 그렇다고 해도 용담꽃은 어차피 술하고는 전혀 상관이 없다. 술은 뿌리줄기로 담기 때문이다.

모든 **원숭이**가 꼬리로 꽉 붙잡을

수 있다? 우선 다음 사실부터 확실히 해야 한다. 원숭이라고 해서 다 꼬리가 있는 것은 아니며, 따라서 모든 원숭이가 다 꼬리로 꽉 붙잡을 수도 없다는 것이다. 인간이 속하는 유인원이 가장 좋은 예다. 하지만 그 밖의 진정한 의미의 원숭이에게는 제대로 된 꼬리가 있는 법이다. 그러나 꼬리를 '제5의 손'으로 사용할 수 있는 원숭이는 소수에 불과하다. 대부분의 원숭이들에게 꼬리는 다른 기어오르는 동물들과 마찬가지로 균형봉이다. 구대륙의 원숭이들 즉, 아프리카와 아시아, 유럽의 원숭이들 중에는 꼬리로 붙잡고 매달려 있을 수 있는 종은 하나도 없다. 그런 원숭이를 보려면 남아메리카의 숲으로 여행을 떠나야 한다. 그곳에 사는 꼬리감기원숭이, 짖는원숭이, 거미원숭이들은 나뭇가지 사이로 줄타기 곡예를 부릴 때 꼬리를 안전 닻으로 이용한다. 짖는원숭이와 거미원숭이의 경우 꼬리 끝의 아래쪽은 털이 없는 촉각 면으로 되어 있다. 덕분에 이들의 꼬리는 단순히 붙잡는 기능만 하는 것이 아니라 감각도 느낀다. 거미원숭이들은 꼬리에 각 원숭이마다 서로 다른 피부 무늬가 나 있다. 덕분에 필요하다면 지문 대신 꼬리 끝의 무늬로 각각의 거미원숭이를 확실히 구별할 수도 있다.

유니콘은 실제로 존재했다? 유니콘

(일각수)에 관한 전설이 거의 전 세계적으로 많은 문화권에 퍼져 있기 때문에 우리는 여기에 어느 정도 진실이 담겨 있다고 믿고 싶어

한다. 유니콘에 대한 가장 오래된 보고는 4,700년 전에 중국에서 있었다. 독일에서는 중세와 근대 초기에 유니콘이 상징물로서 매우 다양한 의미를 가졌다. 유니콘은 거칠지만 순결한 처녀를 보면 온순해져서 무릎에 기대는 동물로 자주 묘사된다. 동화들 그리고 최근 유행하는 팬터지 문학, 물론『해리 포터』에서도 우리는 이마에 긴 뿔이 난 신비로운 백마를 만날 수 있다.

실제로 유니콘 전설에는 하나가 아니라 두 개의 중요한 진실이 담겨 있다. 길고 똑바르고 나선형으로 감긴 뿔이 정말 존재하기 때문이다. 단지 그게 뿔이 아니라 이빨일 뿐이지만 말이다. 더 정확히 말하면 북극에 사는 일각돌고래 수컷의 왼쪽 위턱에 자리잡은 왼쪽으로 감겼고 최고 길이가 2.7미터인 엄니가 그것이다. 이 일각돌고래의 엄니가 처음 유럽으로 전해진 때는 아마 1000년경 바이킹이 그린란드에 이주한 직후였을 것이다. 사람들은 일각돌고래의 엄니를 전설 속의 유니콘의 뿔이라고 믿고 엄청난 가치를 부여했다. 뿔 무게의 10배나 되는 황금이 지불되었다. 사람들은 이 '뿔'이 마력을 지녔을 거라고 믿었다. 그 '뿔'은 온갖 병에 효과가 있었고, 티눈과 가슴앓이를 고쳤으며 독을 해독하고 여자들을 순종적으로 만들었다.

의학자 앙브루와즈 파레(1510~1590)는 일각돌고래의 엄니를 빻은 가루를 비소와 섞어 비둘기에게 사료로 주는(그 후 안타깝게도 비둘기들은 숨을 거뒀다) 실험을 실시함으로써 덴마크의 올레 보름이

1638년에 일각돌고래를 우니코르누 마리눔*Unicornu marinum*(바다유니콘)으로 처음 그 모습을 그리기 전에 이미 '뿔'의 마력에 대한 사람들의 믿음을 흔들어놓았다.

유니콘 전설의 두번째 원천은 우니코르누 포실레*Unicornu fossile*(육지유니콘)였다. 그들은 대부분 멸종한 코끼리들이었는데, 그들의 엄니가 상상의 존재의 이마에 난 뿔로 찬미되었던 것이다.

유대류 동물은 전부 주머니가 있다?

캥거루에게 주머니가 있다는 것은 아이들도 이미 다 아는 사실이다. 그리고 캥거루가 순수한 유대류有袋類이기 때문에 우리는 너무 성급하게 모든 유대류에게 주머니가 달려 있다는 결론을 내린다. 그런데 정말로 맞는가? 여기서는 이 기묘한 복부 주머니의 기능을 잠깐 숙고해 보는 것이 도움이 된다. 주머니는 바로 미리 계획된 조산아를 위한 인큐베이터이다. 유대류의 새끼는 매우 짧은 임신기간을 거쳐 굉장히 작고 거의 무력한 상태로 태어나기 때문이다. 말하자면 임신의 보다 긴 제2단계를 건너뛴 셈이다. 아주 작은 새끼들은 기어서 도착한 주머니 속에서 온기와 먹이를 제공받고 보호받는다. 주머니 안쪽에는 젖이 나오는 젖꼭지도 있기 때문이다. 새끼가 젖꼭지를 찾아내서 달라붙어 빨기 시작하면 곧바로 주둥이의 뾰족한 끝이 심하게 부풀어올라 녀석을 떼어놓는 것이 거의 불가능할 정도다. 그러므로 모든 유대류 수컷에게는 주머니가 없다는 것은 지극히 논리적이며 결코 놀랄 일이 아니다. 하지만―이제는 정말 놀랄 차례다―많은 육식성 유대류와 주머니쥐 종의 암컷들도 주머니가 없다.

주머니쥐의 경우 기껏해야 작은 피부막이 젖꼭지가 있는 부분을 둘러싸고 있을 뿐이다. 새끼들은 초기에는 거의 무방비 상태로 이 젖꼭지에 매달려 있다. 얼마쯤 지나서야 새끼들은 어미의 옆구리 가죽이나 등가죽을 단단히 붙잡을 수 있다. 물론 이런 경우에는 새끼들이 주머니 속에서 보호받으며 자라는 것보다 손실이 훨씬 크다. 이 손실을 상쇄하기 위해 유대류 중에서도 주머니가 없는 종들은 더 많은 새끼를 낳는다.

음지식물은 빛이 없어도 산다? 모

든 식물이 살기 위해 빛을 필요로 한다(소수의 기생식물은 예외다). 그런데도 모든 식물이 뙤약볕 아래 서 있는 것을 좋아하지는 않는다. 그런 곳에는 물이 부족할 때가 많기 때문이다. 습지에서 살지 않는 한 식물은 번거로운 증발 억제 조치를 취해 건조를 막아야 하지만 큰 나무들의 보호하에 있으면 그런 수고가 필요없다. 이 경우에 토양은 거의 언제나 젖어 있지만, 대신 빛이 부족하다. 빽빽한 수관樹冠들에 막혀 있어서 극히 소량의 햇빛만이 지면에 도달한다. 숲 바닥에서 사는 많은 식물들에게는 턱없이 부족한 양이다. 그래서 활엽수림에서는 햇빛이 아무 방해 없이 숲 바닥에 내리쬘 수 있을 때 즉, 나무에 싹이 트기 전에 바람꽃, 카우슬립앵초, 실라(백합과 실라속Scilla 식물의 총칭으로 100여 종이 있다—옮긴이) 등의 꽃 양탄자가 펼쳐진다. 나뭇가지와 잎들이 빽빽하게 하늘을 가렸을 때는 바닥의 모든 상황이 이미 종료된 후다. 땅속 저장기관들이 다음 시즌을 위해 채워졌고 씨가 만들어졌다.

반면에 언제나 빽빽한 '가문비숲'의 그늘에서는 어떤 식물도 자라지 못한다. 이 나무 밑에는 봄에도 빛이 들어오지 못하기 때문이다. 촘촘하게 심어진 늘 푸른 침엽수림을 뚫고 들어오는 빛은 '음지 식물'이 살기에도 충분치 않다.

인간만이 도구를 사용한다? 자신은 생물학적으로 특별한 존재라는 자만심과 마지못해 작별을 고하고 자신 역시 동물의 왕국의 일부일 뿐이라는 사실을 받아들여야 했을 때, 인간은 동물들 틈에서 자신의 예외적 위치를 정당화시켜 줄 특별한 것이 없을까 집중적으로 생각해 보았다. 이 점에서 도구가 결정적인 역할을 했다. 석기 시대(괜히 이런 이름이 붙은 것이 아니다)의 최초의 파악 가능한 문명들이 도구에 바탕을 두고 있다. 그리고 원인猿人인 오스트랄로피테쿠스와 우리 자신의 속인 호모속의 원시인들 사이의 경계선이 바로 이 부분에서 그어진 것 역시 우연이 아니다. 글자 그대로 번역하면 '능력 있는 사람'이라는 뜻인 호모 하빌리스Homo habilis는 오랫동안 최초의 본격적인 인류이자, 그 후에 나타난 모든 형태의 인류의 조상으로 여겨졌다. 호모 하빌리스의 화석과 함께 거칠게 다듬어진 석기들이 발견되었기 때문이다.

앞의 얘기들은 도구에 관한 토론의 의미를 이해하기 위해 반드시 필요하다. 그도 그럴 것이 도구 사용이 비록 드물긴 하지만 인간에게만 국한된 일은 아니라는 사실이 밝혀졌기 때문이다. 하지만 대체 도구 사용이 정확히 뭘 의미하는지를 결정하는 것 역시 필요하다. 교과서에는 이렇게 쓰여 있다. 도구 사용이란 '어떤 직접적 목표를 달성하기 위해 신체의 기능적 확대를 위한 외부 물체의 이용'이다. 만약 이집트대머리수리 한 마리가 타조 알을 부수기 위해 알을 돌에다 집어던진다면 도구를 사용한 게 아니지만, 돌을 알에 집어던진다면 도구 사용이라고 할 수 있을 것이다. 코끼리가 나무에 대고 몸을 문지르면 도구를 사용한 게 아니다. 하지만 녀석이 막대기로 등을 긁으면 그 막대기는 도구가 된다.

도구를 사용하는 것으로 유명한 동물은 갈라파고스 섬의 딱따구리핀치다. 딱따구리핀치는 선인장 가시를 부러뜨려 부리에 물고 그걸로 나무껍질의 갈라진 틈이나 구멍을 쑤셔서 곤충과 애벌레를 잡아먹는다. 이 새가 도구를 사용할 뿐만 아니라 지능까지 있다고 인정하고 싶을 정도다. 이런 행동이 완전히 본능적인 것만은 아니기 때문이다. 이것은 적어도 부분적으로는 복잡한 학습 과정을 통해 습득한 행위이다.

두번째 예는 북태평양 연안에 사는 해달이다. 해달은 바다 속에서 잠영潛泳하면서 먹이를 찾는다. 복족류, 조개와 성게류가 녀석의 식단에 올라와 있는데, 이들은 사냥하기도 먹기도 그리 간단치 않은 먹잇감이다. 해달은 맛있는 식사를 위해 한 가지 도구를 사용한다. 앞발 사이에 숙달된 동작으로 커다란 돌을 끼고 그걸로 해저에 단단히 붙어 있는 전복을 부순다. 때로는 이 커다란 바다 복족류가 항복할 때까지 잠수와 부상을 여러 차례 반복해야 한다. 그런 후에 수면에서 식사를 한다. 조개를 먹을 때는 수면 위에 누워 헤엄을 치면서 돌을 배에 올려놓고 조가비가 부서질 때까지 먹잇감을 계속 돌에 대고 친다. 그리고 다시 잠수하기 전에는 소중한 돌을 잃어버리지 않게 겨드랑이에 낀다.

물론 도구와 관련해서 원숭이를 빼놓을 수는 없다. 한편에서는 원숭이와 인간의 차이를 드러내기 위해서, 또 다른 한편에서는 그 차이를 없애기 위해서 도구 사용과 이성적 행동에 관한 다양한 관찰과 실험들이 원숭이들에게 집중되었다. 아프리카에서 실시된 수년간의 연구들은 침팬지가 아주 다양한 도구를 사용하고 그러면서, 예를 들어 견과를 깨기 위해 멀리서 돌을 가져올 때처럼, 미리 생각도 한다는 사실을 입증해냈다.

인간이 유일한 도구 사용자가 아니라면 최소한 유일한 도구 제작자는 되지 않을까? 왜냐하면 어떤 물건을 자기가 계획한 기능을 수행할 수 있도록 목적에 맞춰 조작하는 것은, 우연히 주위에 있는 물건을 그냥 이용하는 것보다 훨씬 더 큰 통찰력이 있음을 증명해주기 때문이다. 하지만 침팬지 역시 그렇게 하고 있다. 침팬지는 나뭇잎을 똘똘 뭉치고 잘근잘근 씹어서 일종의 스펀지를 만들어 그걸로 나무가 뽑힌 자리에 생긴 구멍에서 물을 얻는다. 또 꼼꼼하게 나무막대의 껍질을 벗기는데, 그냥 매끈한 가지보다는 이런 막대기를 쓰면 흰개미집에서 흰개미들을 훨씬 더 잘 낚을 수 있기 때문이다.

인간은 침팬지의 후손이다? 물론 인간

은 원숭이의 후손이고 한 가지 이상의 면에서 스스로도 원숭이다. 그러나 인간이 현재에도 생존해 있는 어떤 원숭이의 후손이라는 주장은 옳지 않다. 물론 침팬지가 인류의 가장 가까운 친척이긴 하다. 이 점은 신체 구조나 행태상의 특징들, 거의 99퍼센트가 일치하는 유전자를 보면 알 수 있다. 하지만 인간과 마찬가지로 침팬지도 시간이

흐르면서 변해 왔고, 600~700만 년 전에 유인원으로서 많은 동물들과 더불어 아프리카에서 살았던 어떤 존재는 인간도 침팬지도 아닌 둘의 공통의 대 조상이었다. 또한 그들이 '인간 라인'과 '침팬지라인'으로 분리된 후에 현생 종들로 곧바로 진화해 온 것은 아니었다. 진화의 역사는 여기서도 이리저리 꼬인 길을 걸어왔다. 침팬지류는 나중에 다시 한 번 두 개의 종, 즉 고유한 침팬지와 보노보(피그미침팬지, 253쪽 참조)로 갈라졌다. 우리 인간의 경우에는 진화 과정이 훨씬 더 복잡하게 진행된 듯하다. 상이한 여러 종이 서로 교대했거나 심지어 동시에 존재하기도 했다. 인류의 계통발생 행로를 모순 없이 재구성하는 것은 아직 성공하지 못했다. 새로 발굴되는 화석들이 항상 문제의 해결에 기여하는 것도 아니고, 이따금 답을 주기보다는 오히려 더 많은 문제를 던져주기도 하기 때문이다. 누가언제 어디서 누구와 왜, 이것이 진화인류학자들이 한참 더 격론을 벌여야 할 문제들이다.

잠자리는 쏠 수 있다? 잠자리는 독일에

서 '악마의 바늘' 또는 '사탄의 화살'이라는 별명으로 불린다. 이 커다란 곤충이 물 수 있거나 심지어는 세상 모르고 자는 사람의 눈꺼풀을 꿰매버릴 수도 있다는 것이다. 이런 지독한 편견을 유발한 원인은 도대체 뭘까? 경우에 따라 정말 요란한 색깔인가, 거대한 눈인가, 길고 날렵한 배인가, 아니면 기막히게 빠르고 예측할 수 없는 비행술인가? 이유야 뭐든 이 모두가 헛소문이다. 물론 어떤 곤충들에게는 긴 다리와 튼튼한 턱을 가진 이 재빠른 사냥꾼과의 만남보다 더 불행한 만남은 없을 것이다. 턱은 붙잡힌 잠자리가 자신을 방어하는 유일한 무기이다. 파리에게는 치명적이지만 우리 인간에게는 그저 세게 꼬집힌 정도일 뿐이다.

잠자리의 길고 아주 잘 움직이는 배의 끝에는 침이 달려 있지 않다. 암컷의 경우에는 거기에 산란기産卵器가 있고, 수컷은 집게가 있어서 교미할 때 그것으로 암컷을 붙잡는다.

장과는 작고 즙이 많은 구형 열매

다? 열매의 형태와 크기가 그 열매를 장과라고 불러도 되는지 아닌지를 결정하는 기준은 아니다. 식물학적 정의는 토다 더 엄격하다. 장과는 과피가 썩거나 섭취되었을 때 비로소 씨를 내놓는 폐과閉果에 속한다. 장과의 과피는 가장 바깥쪽 층(외과피)만 빼고 과육과 과즙이 풍부하다. 이런 정의에 따르면 까치밥나무, 구즈베리나무와 월귤나무에만 장과 열매가 열리는 것은 아니다. 토마토, 바나나, 오이, 호박 그리고 멜론도 장과이다. 반면에 나무딸기와 검은딸기는 장과가 아니다. 나무딸기와 검은딸기는 내과피가 목질화木質化되었기 때문에 소핵과이다. 그리고 겉보기에는 아주 전형적인 장과로 보이는 딸기도 실은 장과가 아니라 소견과(소핵과와 소견과는 취과 aggregate fruit의 일종으로, 여러 개의 작은 열매들이 촘촘이 붙은 형태이다―옮긴이)이다(딸기, 105쪽 참조).

장님거미는 진짜 거미다? 공 같은 몸

을 가진 롱다리들은 의심할 것도 없이 거미강이다. 얼른 세어본 여덟 개의 다리와 그 사이에 달려 있는, 다시 한 번 쳐다봐야 둘로 나뉜 걸 알아볼 수 있는 구형의 몸이 사실을 확인해 준다. 하지만 장님거미는 거미목Araneae에는 속하지 않는다. 장님거미들에게는 실샘이 없고 거미목의 특징인 입 양쪽에 위치한 협각鋏脚(거미류의 첫번째 다리 쌍으로 입의 앞부분에 위치한다―옮긴이)의 집게에 있는 독샘도 없다. 대신 장님거미는 방어용으로 악취선을 갖고 있다.

덧붙여 여덟 개의 다리에 관해 말하자면, 거미강의 정해진 다리 수보다 그 수가 적은 장님거미를 많이 볼 수 있다. 그것은 천적과 마주치면 다리를 떼어버리는 장님거미의 습성과 관련이 있다. 잘린 다리는 자체적인 자극기관이 있어서 그 후 반 시간 동안이나 혼자서 꿈틀거린다. 거미 사냥꾼의 주의를 끌기에 좋은 방법이다. 덕분에 쫓기던 장님거미는 나머지 일곱(혹은 그보다 적을 수도 있다) 개의 다리로 슬쩍 도망칠 수 있다.

전기어는 전기충격으로 사냥감을

죽인다? 전기뱀장어, 전기가오리 그리고 전기메기는 이제까지 전기어電氣魚라는 명성을 누려왔다. 하지만 일반적으로 알려져 있는 것과는 달리 이 고압 전기물고기들은 모두 전기충격으로 먹이를 죽이지 않으며 그저 기절만 시킬 뿐이다. 기절한 먹잇감은 어디로든 쉽게 끌고 갈 수 있다. 이때 고압은 말 그대로 이해해야 한다. 엘렉트로포루스 엘렉트리쿠스*Electrophorus electricus*라는 멋진 학명을 가진 남아메리카 전기뱀장어의 경우 전압이 800볼트가 넘을 때도 있다. 이때 1암페어의 전류가 발생한다. 이 정도면 당연히 훌륭한 무기가 될 수 있다. 전기뱀장어의 전기 충격은 사람의 목숨을 앗아갈 정도는 아니지만, 일단은 매우 효과적으로 무력하게 만든다.

전기충격을 가하는 몇몇 잘 알려진 물고기 외에도 약한 전기를 사용하는 물고기들이 많이 있다. 예를 들어 엘리펀트노즈는 계속해서 약한 전기 임펄스를 방출해서 주변에 전기장을 형성한다. 전기장에 장애물이 침입하면 엘리펀트노즈는 머리에 있는 특수한 감각기관의 도움으로 이것을 감지할 수 있다. 따라서 녀석은 탁한 물 속에서도 방향을 잘 찾을 수 있고, 더 나아가 무선기술을 이용한 초현대적 방법으로 동료들과 대화를 나눌 수도 있다. 한편 상어를 비롯한 많은 물고기들이 스스로 전류를 만들지는 않지만 매우 섬세한 전기 감각기관을 가지고 있어서 이것으로 주변 환경에 대한 중요한 정보들을 얻는다.

제비집은 먹을 수 있다? 제비집을 깨물

면 입안이 온통 흙으로 가득 찰 것이다. 제비집은 주로 점토로 지어
졌기 때문이다. 저 유명한 식용 '제비'집은 제비가 아니라 동남아시
아에 서식하는 몇몇 흰집칼새 종의 둥지이다. 빠른 비행 속에서 흘
러가 버리는 삶에 대한 유사한 적응 양상이 서로 가깝지 않은 두 조
류 그룹(칼새, 231쪽 참조)을 자꾸 혼동하게 한다. 번식기가 시작되
면 흰집칼새들은 침샘이 팽창한다. 흰집칼새는 공기에 노출되면 금
방 굳어버리는 끈적끈적한 점액으로 작고 납작한 대접 같은 둥지를
만든다. 흰집칼새들은 대개 절벽이나 동굴 안에 조밀한 집단 번식지
를 이루어 알을 품는다. 사람들은 옛날부터 동굴 안의 둥지들을 채
집해 왔는데, 금방 지어진 하얀 둥지는 오래됐거나 깃털이나 식물이
섞인 둥지보다 더 높은 가격을 받는다.

해변에서 줍는 껍데기는 다 조개의

것이다? 해변을 따라 거닐면서 파도에 밀려온 조가비를 줍는 것
만큼 낭만적인 일은 없을 것이다. 하지만 조개에서는 두 장의 조가
비가 맞붙은 껍데기만 나온다. 조개가 죽고 나면 이 두 장의 조가비
는 아주 쉽게 떨어진다. 하지만 양쪽 조가비를 연결해 주는 인대가
발견될 때도 많다. 반면에 때로는 나선 계단처럼 촘촘하게 감겼고
또 때로는 별로 감기지 않은 나선형 껍데기도 보이는데 이것들은 모

두 복족류의 집이다.

여기까지가 원칙이고, 이 원칙은 거의 모든 경우에 통용된다. 하지만 좁은 현관문 대신 아주 넓은 입구를 자랑하는 전복 같은 복족류나 아무리 상상력을 동원해도 나선을 찾아볼 수 없는 삿갓조개과(복족류에 속한다―옮긴이)의 경우에는 결정이 어려워진다. 그리고 복족류와 조개류(부족류) 외에도 바다에는 자택에서 사는 동물군이 더 있는데, 많은 벌레 종류나 굴족류가 그들이다. 이들의 껍데기도 자주 해변에서 발견된다.

조개는 바다에만 있다?

옛날에는 진주를 찾기 위해 꼭 먼바다 속으로 잠수할 필요가 없었다. 근처의 깨끗한 산속 개울을 찾아가면 충분했다. 하지만 이제 강진주조개는 독일 동물계에서 아주 희귀한 존재가 되어버렸다. 하천 오염이 15센티미터에 달하고 100년 이상 장수하는 이 연체동물을 멸종 위기로 내몰았다. 열악한 환경에서 가장 잘 버티고 있는 조개는 토종이 아니라 외래종인 드레이스세나 폴리모르파*Dreissena polymorp'ia*이다. 이 조개는 흑해와 카스피 해의 지류 출신이다. 이 조개는 배船에 달라붙거나, 자유롭게 헤엄치는 유생을 앞세워 지난 160년간 거의 전 유럽을 식민지화하는 데 성공했다. 하지만 독일 최대의 민물조개인 최고 20센티미터 크기의 아노돈타 아나티나*Anodonta anatina*는 아직도 흔히 볼 수 있다.

조류는 물 속에만 있다? 거의 대부분의

조류藻類들이 물 속에서 살지만 어떤 종은 육지에서도 잘 지낸다. 물론 육지에서 사는 경우 습하면 습할수록 더 좋다. 그렇기 때문에 독일 정도의 위도보다는 열대 우림에 육생陸生 조류가 훨씬 풍부하다는 사실을 의아해할 사람은 아무도 없을 것이다. 그럼에도 불구하고 독일의 생물 서식지들을 주의 깊게 관찰해 본 사람이라면 누구나 그런 조류에 친숙하다. 플로이로콕쿠스속*Pleurococcus*의 녹조들은 나무줄기에 흔히 눈에 띄는 녹색 외피를 형성한다. 이 녹조류는 대기 오염으로 인해 지의류와 선태류가 말라 죽은 곳에서도 잘 자란다. 땅속에도 수없이 많은 조류들이 살고 있다. 세균류, 균류와 더불어 조류는 땅에서 가장 흔한 생물에 속한다. 여기에는 녹조 외에도 규조가 많은 부분을 차지하고 있다.

남조藍藻는 얼마 전부터 조류로 분류되지 않는다. 남조는 비록 광합성을 하긴 하지만 핵이 없는 유기체로서 식물보다는 세균에 더 가깝다. 그래서 이름이 바뀌었고, 이제는 시아노박테리아라는 이름으로 통용된다. 시아노박테리아는 다른 생물들이 진작에 항복해 버린 곳에서도 생존할 수 있기 때문에 '생명의 극단론자'라고 일컬어진다. 이를테면 젖은 바위의 '잉크 선'은 '남조'들이 뒤덮은 자국이다. 길 가장자리에서 종종 발견되고 독일에서는 흔히 '천사의 콧수염'이라고 불리는 초록빛이 도는 젤리 같은 퇴적물도 시아노박테리아다. 또 나무늘보의 뛰어난 위장 솜씨에 한몫 하는 털가죽 속의 녹색이 도는 빛 역시 이런 '조류'에서 유래한다.

조류는 꽃을 피운다?

항상 똑같은 장미 대신 조류의 꽃으로 꽃다발을 만들면 어떨까? 독창적인 선물용 꽃다발을 찾다가 한번쯤 이런 생각을 해본 사람들은 실망스럽겠지만 조류는 꽃이 피는 식물(현화식물)이 아니다. 조류의 생식기는 튤립이나 장미, 카네이션보다 훨씬 덜 매력적으로 포장되어 있다. 그도 그럴 것이 조류는 향기를 풍기며 화려한 빛깔과 영양분으로 유혹하는 꽃들처럼 가루받이를 해줄 동물들의 주목을 끌 필요가 없기 때문이다. '조류의 꽃'은 생식과 무조건적으로 관계가 있지는 않지만 증식과는 관계가 있다. 많은 조류의 경우 증식은 섹스와 결부되어 있지 않기 때문이다. 증식의 가장 간단한 예인 제2세대로의 분열은 전적으로 파트너 없이 이루어진다. '조류의 꽃'은 봄날 맑은 물을 단며칠 만에 녹색의 혼탁한 물로 바꾸어놓거나, 연못과 호수에서 수영하는 즐거움을 반감시키는 플랑크톤성 조류의 대량 증식일 뿐이다.

그런데 '조류의 꽃'은 영양소가 풍부한 민물만이 아니라 바다에도 있다. 특히 유명하고도 악명 높은 것이 '적조red tide'인데, 적조의 붉은색은 단세포인 와편모조류 덕분이다. 와편모조류의 독성 성분은 사람도 조개나 생선을 먹은 후에 중독될 수 있을 정도로 먹이사슬에 많이 축적된다. 이렇게 보면 '조류의 꽃'은 심지어 죽음까지 불러오는 것이다(플랑크톤성 조류의 대번식 현상을 우리나라에서는 '물의 꽃'이라고 부른다—옮긴이).

쥐며느리는 곤충이다? 몸집이 작고 다

리가 여러 개이고 표면이 단단하며 기어다니는 동물이면 곤충이다. 이런 대략적 규칙에 따라 동물들을 분류하는 것이 항상 옳지는 않다. 정확한 분류를 위해서는 몇 가지 보완이 필요하다. 곤충은 다리가 여섯 개다. 만일 다리가 여섯 개가 넘는다면 절대로 곤충이 아니며, 거미류나 다족류 혹은 갑각류 — 등각류(절지동물 갑각류의 한 목으로 머리와 7개의 가슴마디, 5개의 배마디로 되어 있고 쥐며느리를 비롯해서 약 1,300여 종이 알려져 있다 — 옮긴이)의 경우처럼 — 이다. 쥐며느리를 뒤집어보면 세 쌍이 아니라 일곱 쌍의 가슴다리가 버둥거리는 것을 볼 수 있다. 대부분의 갑각류가 물 속에서 살고 있고, 많은 등각류도 갑각류로서 본래 고향에 대해 의리를 지킨다. 하지만 놀라운 적응력 덕분에 몇몇 육상 등각류는 건조한 곳에서도 살아남을 수 있다. 녀석들은 아가미 외에도 부수적으로 폐를 가지고 있다(그것도 이상한 위치인 뒷다리의 움푹한 곳에 있다). 그들의 알은 부화할 때까지 어미의 배에 붙은 물이 공급되는 알주머니 속에 들어 있다.

왕쥐는 쥐들의 왕이다? 쥐는 혼자 다니는 일

이 드물고, 똑똑하고 적응력이 뛰어난 이 설치류가 매우 사회적이라는 것은 익히 알려진 바다. 하지만 쥐들의 세계에 군주제가 도입된 적은 한 번도 없었다(독일어명 라텐쾨니크Rattenkönig를 직역하면 쥐의 왕 또는 왕쥐이다 — 옮긴이). 왕쥐는 백성을 다스리는 절대 군주가 아니라 가엾은 녀석이다. 더 정확히 말하자면 정말 가엾은 녀석들이다. 왜냐하면 독일에서 왕쥐는 꼬리가 겉보기에는 풀리지 않을 것같이 서로 묶여 있는 쥐들을 두고 하는 말이기 때문이다. 또 나중에 상처가 치유되면서 야기되는 유착으로 인해 결절도 생긴다. 이런 극도로 기묘한 현상에 대한 보고가 없었다면 우리는 그것을 당장 우화나 옛날이야기쯤으로 여겼을 것이다. 하지만 박물관의 표본들이 우리가 잘못 생각하고 있다는 것을 깨우쳐준다. 수백 년 동안 수집했는데도 독일에 왕쥐가 겨우 4개밖에 없다는 사실은 집단적으로 꼬리가 묶이는 일이 극히 드문 재난임을 증명해 준다. 세계에서 제일 큰 왕쥐는 독일의 알텐부르크에 보관되어 있다. 꼬리와 일부는 뒷다리가 꽉 묶여 괴상한 형상으로 미라가 되어버린 32마리의 집쥐들이 그 주인공이다.

지렁이 한 마리를 자르면 새로 두 마리가 생긴다?

지렁이는 극히 유익한 동물이다. 부식토 생성에 중요한 역할을 할 뿐만 아니라, 토양의 통풍과 배수에도 중요하다. 그래서 정원사들에게 지렁이는 반가운 일꾼이다. 지렁이의 그 유명한 뛰어난 재생 능력을 믿고 삽으로 동강내는 간단한 방법으로 녀석들의 개체수를 불리고 싶은 유혹을 느낄 때도 있을 것이다. 하지만 유감스럽게도 그렇게 간단한 일이 아니다. 잘린 앞부분이 일정한 길이 이상일 경우, 다시 말해 대략 40~150개의 체절이 남아 있을 경우에는 잘린 부분에서 새로 뒷부분이 자라기도 한다. 그러나 혼자 남은 뒷부분은 상황이 더 어렵다. 특수한 조건하에서만 앞부분이 완전하게 재생된다. 이런 자료가 어떻게 얻어졌는지는 감히 상상하기 싫지만, 보통 지렁이인 룸브리쿠스 테레스트리스*Lumbricus terrestris*의 경우를 보면 이렇다. 이들은 프로스토미움Prostomium—지렁이 입이 있는 앞쪽의 머리 부분을 말한다—과 그 다음에 있는 링 모양의 마디 4개를 잘라 냈을 경우에는 완전히 새로운 '머리'를 만들어낸다. 그러나 5~16개의 앞쪽 체절이 잘려나가면 지렁이는 프로스토미움을 포함해 3~4개의 체절밖에 재생하지 못한다. 예를 들어 퇴비 더미에 아주 흔한 줄지렁이*Eisenia foetida*는 앞의 8체절까지의 손실은 완전히 회복할 수 있다. 그런데 9~23개의 체절이 잘려나가면 기껏해야 8개의 새로운 체절로 대체한다. 이보다 더 큰 손실은 녀석을 영영 머리 없는 벌레로 만들어버린다.

그러므로 하나에서 둘을 만드는 건 결코 쉬운 일이 아니다. 보통의 경우에는 앞부분이 살아남아 길이가 약간 짧아지긴 하지만 다시 완전한 벌레로 자란다. 이 불쌍한 벌레가 불행하게도 머리 다음의 약 30개의 마디까지만 남기고 잘리면 완전히 죽어버리기도 한다. 그럼에도 불구하고 놀라운 재생 능력은 이 동물의 몸이 거의 같은 종류의 체절들(프로스토미움과 생식 체절은 제외하고)로 이루어져 있다는 사실과 관련이 있다. 이 체절들은 각각이 완전한 내부기관 세트를 가지고 있다. 머리 속의 신경절—지렁이에게도 뇌 같은 것이 있다고 인정한다면 이것이 바로 뇌다—은 체절의 재생에 특히 중요한 역할을 하는 것 같다. 이것이 왜 앞부분보다 뒷부분의 손실을 더 쉽게 극복할 수 있는지에 대한 대답이 될 것이다.

지렁이는 비를 좋아한다? 어느 정도는

맞는 말이다. 비는 땅을 흠뻑 적시고 지렁이는 물기를 좋아하니까. 녀석은 마치 악마가 성수를 피하듯 햇빛과 건조함을 피한다. 하지만 비가 많이 올 때 지렁이가 집을 떠나 무방비상태로 지렁이 애호가들에게 노출되는 까닭은 그들이 많은 물에 엄청 흥분해서가 아니다. 오히려 그 반대다. 지렁이는 폭우가 쏟아지면 굴속에 가득 찬 물에 빠져 죽을 위험이 있기 때문에 지하의 굴을 버리고 떠난다.

지의류는 독립적인 식물이다? 지의

류는 긴밀한 협력이 완전히 새로운 것을 창조해낸다는 사실을 보여주는 좋은 예다. 지의류는 식물이 아니라 균류와 하나 이상의 조류藻類가 만든 협력체이기 때문이다. 양쪽이 다 덕을 보는 이런 확고한 관계를 공생이라고 부른다. 공생의 장점은 지의류를 보면 명백하다. 2만 개가 넘는 다양한 종이 극도로 황폐한 지역에서도 대량으로 서식할 수 있는데, 공생 파트너 중 어느 한쪽도 혼자서는 그런 곳에서 결코 생존할 수 없을 것이다. 극지방의 한대사막과 툰드라는 알프스의 봉우리들이나 열대 운무림과 마찬가지로 지의류의 아성이다. 녹조는 광합성 산물을 균류에게 공급하는데, 균류 파트너는 균사를 뻗어 조류의 세포 속으로 침투해서 당 화합물을 얻어 간다. 균류는 외형을 담당하고 수분 상실의 위험을 줄여준다. 또 조류에게 수분과 무기질을 공급하는 것으로 추측된다.

진드기는 나무에서 사람과 동물에게 떨어진다? 위험은 위가 아니라 밑에서부터 찾아온다. 진드기 암컷은 1,000~3,000개의 알을 땅바닥에 낳기 때문이다. 진드기 새끼들은 태어나자마자 곧장 나무 위로 기어올라가지는 못하고 기껏해야 풀잎 꼭대기에나 올라갈 뿐이다. 거기서 녀석들은 다리를 쫙 펼치고 앉아 기회를 기다린다. 인내심은 진드기의 최고 장점이다. 1년을 굶어도 별 타격이 없다. 마침내 숙주를 발견했다 하더라도 녀석들은 무턱대고 주둥이부터 찔러넣지는 않는다. 적당한 은신처를 찾을 때까지 몇 시간이나 돌아다니는 경우도 드물지 않고 그러고 나서 주로 털이 난 부위를 선택한다.

그러니까 진드기에게 물리는 걸 예방하려면 숲으로 산책을 다녀온 후에는 다리부터 살펴본 다음 천천히 위쪽으로 올라가며 살펴야 한다. 실제로 머리에서 진드기가 발견되는 경우는 극히 드물다. 설령 머리에서 발견됐다고 해도 위쪽에서 온 경우는 극히 드물고, 대개 먼 길을 올라온 놈이다.

진드기는 돌려서 피부에서 빼내야

한다? 왼쪽으로 돌려야 하나 아니면 오른쪽으로? 현미경으로 아무리 봐도 진드기의 주둥이에는 나선형 홈이 없다. 주둥이의 표면은 오히려 뒤쪽으로 향한 작은 이가 많은 조야한 줄鑢刀과 비슷하다. 이런 갈고리는 부드럽게 힘을 주고 조심스럽게 당기면서 빼내야 한다. 주둥이가 부러지면 그 자리에 지독한 염증이 생길 수도 있다. 이것을 방지하기 위해 온갖 민간요법이 나돌고 있다. 전부 진드기가 자발적으로 포기하게 만드는 방법이다. 흔히 기름이나 접착제 한 방울을 권하는데, 그렇게 하면 진드기에게 공기가 공급되지 않는다는 것이다. 하지만 진드기가 호흡곤란에 빠져 주둥이를 빼낼 때까지 몇 시간이 걸릴지도 모르기 때문에 의사들은 그런 방법은 생각지도 말라고 충고한다. 진드기가 오래 빨면 빨수록 그리고 녀석에게 스트레스를 주면 줄수록 녀석의 타액 속에서 돌아다니는 병원균에 감염될 위험이 점점 더 커진다. 생명을 위협하는 뇌막염인 수막뇌염이나 세균에 의해 발생하는 라임병 등은 진드기를 매개로 전염된다. 수막뇌염의 초기 증세는 격렬한 두통이고, 라임병은 물린 자리 주위에 고리 모양의 홍반이 생겨 점점 커진다. 이런 이동성 홍반이 나타나면 무조건 병원으로 가는 게 좋다. 알다시피 흡혈 곤충들의 경우 흔히 그렇듯이 진드기 그 자체는 아주 사소한 문제이다.

생물은 **진화**를 통해 완벽해진다? 창

조론(진화에 대한 완전한 부정)이 다시 대두되고 있는 미국에서 진화

생물학자 스티븐 J. 굴드는 진화의 실재는 이제까지 완전한 생물이 탄생하지 않은 것만 봐도 알 수 있다고 주장했다(그는 신이 진화가 없는 창조 행위에서 절대적으로 완전한 적응을 배려한 것이 확실하다고 가정하고 있다). 이런 생각의 배경은 진화가, 더 잘 적응한 개체가 살아남아 계속 번식하는 '자연 선택'을 특징으로 한다는 것이다. 진화론의 아버지인 찰스 다윈은 이것을 '적자생존Survival of the Fittest'이라고 일컬었다. 그런데 다윈의 이 말은 사소한 오해를 불러일으켰다. 왜냐하면 살아남기 위해서라면 반드시 최적자最適者일 필요는 없고, 그저 더 잘 적응한 자이면 충분하기 때문이다. 그 밖에도 굴드는 어떤 생물도 자신을 항상 새로이 발명해 낼 수는 없다는 점을 지적했다. 누구나 새로운 생활 환경에서는 불필요한 짐이 될 수도 있는 자신의 역사를 끌고 다닌다는 것이다. 예를 들어 고래는 아가미가 있으면 자꾸 물 위로 떠오를 필요가 없는데도 여전히 폐를 고수하고 있다. 그리고 우리는 우리 몸의 기본 골격이 원래 똑바로 걷고 앉는 생활양식에 맞게 만들어지지 않았기 때문에 추간판椎間板(등뼈의 추체 사이에 들어 있는 원반 모양의 물렁뼈 —옮긴이)에 상해를 입기도 한다.

집게벌레는 사람의 귀 속에 들어가기를 좋아한다? 우선 첫번째 오진부터 바로잡자. 집게벌레는 벌레가 아니다. 더듬이가 두 개, 겹눈이 두 개, 다리가 여섯 개이고, 마디가 나뉘고, 단단한 키틴질 껍데기로 보호되는 몸뚱이를 가진 것은 곤충이다. 그런데 귀와는 무슨 상관인가? 집게벌레는 야행성이고 좁은 틈과 컴컴한 구멍을 무척 좋아하기 때문에 실제로 길

을 잃고 헤매다가 잠자는 사람의 귀 속으로 들어갈 가능성을 완전히
배제할 수는 없다(서양에는 집게벌레가 잠자는 사람의 귀 속으로 기어
들어가 뇌를 파고들어 죽게 만든다는 미신이 있다―옮긴이). 하지만
정말로 그런 일이 생긴다면 녀석은 금방 실망하고 돌아설 것이다.
녀석이 야간 순찰 중에 찾는 것은 맛있는 진딧물이나 다니면 배우자
인데 사람의 귀 속에서는 발견할 수 없기 때문이다. 집게벌레의 독
일어명이 귀벌레Ohrwurm인 것은 좁은 은신처를 좋아하기 때문이 아
니라, 고대 후기에 집게벌레를 빻은 가루로 귓병에 쓰이는 약을 만
들었다는 사실 때문일 것이다.

   작은 집게벌레가 두려움의 대상이 된 것은 아마도 녀석의 배 끝에
달린 집게가 다소 공포심을 불러일으키기 때문일 것이다. 집게는 이
곤충의 일생에서 중요한 역할을 한다. 집게벌레는 불안을 느끼면 위
협적으로 집게를 들어올린다. 집게는 먹이를 잡을 때뿐만 아니라 아
주 작은 앞날개 밑에 복잡하게 접혀 있는 뒷날개를 펼칠 때도 도움
이 된다. 그리고 커다란 집게를 보면 쉽게 식별―이것이 가장 중요
한 점일 것이다―되는 수컷은 집게로 암컷의 위치를 바로잡아 교미
를 원활하게 한다.

산토끼를 길들이면 집토끼가 된

다? 산토끼를 길들이는 데 성공한 사람은 아무도 없을 것이다. 산
토끼는 위험해지면 납작 엎드린다. 말하자면 땅바닥과 하나가 되어
거의 보이지 않게 된다. 최후의 순간이 되면 그제야 녀석은 화급히
몸을 일으켜 번개처럼 질주해 당황한 적한테서 달아난다. 산토끼는

우리에 갇혀도 이런 타고난 습성을 버리지 못한다. 우리에 갇힌 산토끼는 달아나려다가 창살에 맞닥뜨리면 급작스런 공포감에 창살에 몸을 던져서 심한 부상을 당하는 일이 흔하다. 반면에 굴토끼는 위

급해지면 재빨리 땅굴 속으로 사라진다. 녀석은 그 안에서 안전하다고 느낀다. 안락한 지하굴과 우리는 사실 별 차이가 없다. 고대 로마 때부터 이미 굴토끼를 사육했고, 얼마 지나지 않아서 이베리아 반도가 고향인 이 작은 동물들이 거대

한 로마 제국 어디에서나 깡충깡충 뛰어다닐 정도였다. 그리고 사람들의 보살핌 속에서 500년 전에 이미 스튜 냄비 속으로 들어갈 토끼인지 아니면 모피를 제공할 토끼인지에 따라 다양한 품종이 생겼다. 모피를 얻기 위해서는 앙고라토끼가 사육되었다. 그리고 놀이친구로 인기 있는 귀여운 미니토끼도 물론 산토끼가 아니라 굴토끼다.

짚신벌레는 물에 넣은 건초에서 생긴다? 물에서 자연발생적으로 생물이 탄생한다는 믿음은 1862년에 루이 파스퇴르에 의해 처음으로 확실하게 반박되었다. 파스퇴르는 양분이 든 물을 가열해서 살균한 후 여러 개의 병에 나눠 담았다. 그런 다음 병 몇 개는 열어두고 다른 몇 개는 공기가 통하지

못하게 밀봉해 두었다. 그러자 열어놓은 병에서는 얼마 지나지 않아 벌써 세균과 곰팡이에 의해 형성된 막이 수면을 덮은 반면 다른 병에서는 아무 일도 일어나지 않았다. 이 세균들은 어디서 나타난 것일까? 세균은 한마디로 어디에나 있다. 이 초경량급들은 공기가 아주 살짝만 움직여도 그걸 타고 어디로든 갈 수 있다.

물을 소생시키는 과정에 활기를 좀 불어넣고 싶을 때는 배양액으로 만족하지 말고 건초액을 만들면 된다. 그냥 마른 풀을 조금만 물에 집어넣으면 완성이다. 그렇게 함으로써 수많은 원생동물들이 지속적으로 생존하게 될 뿐만 아니라 물에 양분도 충분히 공급된다. 이것이 짚신벌레를 기르는 비법의 전부이다.

철새는 모두 아프리카로 날아간다?

물론 미국에서 번식하는 새들은 중남미에 월동지를 마련하는 것을 선호한다. 하지만 독일에서 서식하는 새들만 봐도 위의 말은 옳지 않다. 모든 철새가 황새처럼 아프리카의 서부와 남부에서 월동하지는 않으며, 또 후자의 경우에는 1년에 두 차례나 1만 킬로미터 이상을 비행해야 하는 거리인데 철새가 모두 장거리 여행자는 아니기 때문이다. 수많은 철새 종이 단거리 여행을 선호하며 그저 겨울의 혹독함이나 피하려고 한다. 그런 목적이라면 유럽에서는(우리 모두 알고 있듯이 마요르카도 유럽이다) 지중해 연안 정도면 충분하다. 하지만 이런 새들 중 다수가 남쪽보다는 서쪽으로 이동한다. 바다로 둘러싸인 서유럽만 해도 겨울이 비교적 온화해서 그런대로 견딜 만하기 때문이다. 전통적으로 남유럽에서 겨울을 보내는 검은머리아메리카솔새 여러 마리가 지난 몇 년 동안 심지어 영국까지 월동지로 선택해서 가을이면 남쪽 대신 북서쪽으로 이동했다.

그런데 철새들이 항상 최단거리를 선택하는 것은 아니다. 많은 작은 새들이 지중해를 논스톱으로 날아서 건너는데 비해 황새와 많은 맹금류들은 지브롤터 해협이나 보스포러스 해협으로 우회한다. 이 전문적인 글라이더들은 바다 위를 힘들게 날갯짓을 하며 비행하는 대신 육지의 상승 온난기류를 이용한다. 그런데 사막딱새들이 먼 길을 돌아서 가는 이유는 더 설명하기 힘들다. 유럽 전역과 북아시아에 퍼져 있는 이 작은 새들은 북아메리카, 그것도 알래스카와 캐나다 동부에서도 번식한다. 모든 사막딱새가 아프리카에서 겨울을 나는데, 훨씬 가까운 남아메리카에 적당한 월동지가 있는데도 '미국

새들' 역시 아프리카로 간다. 알래스카에서 번식하는 새들은 시베리아를 거쳐 남서쪽으로 이동하는 반면 캐나다 새들은 그린란드와 아이슬란드의 새들과 마찬가지로 남동쪽으로 날아가 대서양을 횡단한다. 아마도 사막딱새들은 이런 이동경로를 택함으로써 그들의 조상들이 빙하 시대 이후에 현재의 번식지를 정복했던 일을 기념하는지도 모른다.

청가뢰는 파리류다?

청가뢰를 만난 많은 이들이 예정보다 일찍 사라졌다. 그도 그럴 것이 이 이상한 이름의 딱정벌레는 칸타리딘이라는 아주 다용도로 쓰이는 맹독성 물질을 몸에 지니고 있기 때문이다. 칸타리딘은 옛날에는 최음제로서 사랑의 묘약에 첨가되었을 뿐만 아니라, 그 후의 달갑지 않은 결과를 제거하기 위해서, 즉 태아를 유산시키기 위해서도 쓰였다. 고대에는(그리고 분명히 그 이후에도) 이 딱정벌레의 독이 적을 제거하는 은밀한 무기로 인기를 누렸다. 제아무리 강한 상대라도 30밀리그램이면 충분하다. 이 독에 중독된 사람은 처음에는 온몸의 점막에 염증이 생겨서 고생하고, 그 다음에는 비뇨기가 화끈거리며 아프다가 기능을 점차 상실한다. 제약업계에서는 이 칸타리딘을 외용外用으로는 발포성 반창고에 사용하고, 온갖 종류의 통풍痛風 치료에 먹는 약으로 사용한다.

1~2센티미터의 길이에 매력적인 금속성 초록빛으로 빛나는 이 독 공급자는 굉장히 특이한 어린 시절로 유명한 가뢰과에 속한다. 가뢰과 곤충들은 기생충으로 야생벌의 둥지에서 자란다. 가뢰 성충은 남유럽에 널리 퍼져 있고 물푸레와 올리브나무 잎을 먹고산다.

칠성장어는 눈이 아홉 개다?

척추동물의 눈은 두 개다. 알려진 척추동물 중에서 가장 오래된 동물의 후손이고 조상들과 마찬가지로 턱뼈가 없는 칠성장어도 이 점에서는 예외가 아니다. 청베도라치과 물고기들과 함께 칠성장어는 무악어류(턱이 없는 어류—옮긴이) 최후의 생존자이다. 칠성장어(독일어로는 '아홉 눈'이라는 뜻의 노인아우겐Neunaugen이다—옮긴이)라는 이름을 갖게 된 것은 눈 뒤에 작고 둥근 아가미구멍이 일곱 개 있기 때문이다.

침엽수는 모두 늘 푸르다?

예외 없는 규칙은 거의 없다. 침엽수 중에서 낙엽이 지는 종은 확실히 드물지만, 그래도 있기는 하다. 가장 유명한 예는 낙엽송으로 이 나무의 바늘잎은 가을이 되면 아름다운 황금빛으로 물들고 얼마 후 떨어져 내린다. 이듬해 봄에는 옅은 초록빛의 새로운 바늘잎이 돋아나온다. 두번째 예는 태고의 매머드급 나무인 메타세쿼이아*Metasequioa glyptostroboides*로 옛날에는 넓은 지역에 분포했던 살아 있는 화석식물이다. 이 나무가 발견된 과정은 아주 특이하다. 1941년 일본에서 화석이 발굴된 지 5년 후, 이 나무가 1944년 중국의 변방에서 발견되었던 기이한 침엽수와 동일하다는 사실이 밝혀졌다. 이제는 이 나무를 보러 그렇게 멀리까지 갈 필요가 없다. 독일에서도 많은 공원과 정원에서 '여름에 푸른' 이 태고의 침엽수가 늠름하게 자라고 있기 때문이다.

카멜레온은 주변 환경에 맞춰 몸 색깔을 바꾼다? 세련되게 화장한 입술, 갑작스럽게 창백해지는 얼굴, 화가 나서 새빨개진 얼굴. 이 모두가 색으로써 상대방이 이해할 수 있는 메시지를 보내고 있는 것이다. 그런데 사람들에게만 색깔이 의사소통에 도움이 되는 것이 아니라 많은 동물들, 특히 카멜레온의 경우에도 색깔은 같은 역할을 한다. 긴장이 풀린 카멜레온은 다양한 위장복을 입는다. 놀랍게도 녀석은 마치 배경 속으로 녹아 들어가는 것처럼 보인다. 위장의 효과는 기괴한 모양과 슬로 모션 같은 동작으로 인해 한층 강화된다. 그런데 녀석의 변덕스런 기분은 외관에 즉시 반영되어 다양한 위장술을 선보인다. 수컷 두 마리가 싸울 때 자기가 우세하다고 느끼는 녀석은 휘황찬란한 색으로 변해 뽐내는데 반해 패한 놈은 회색 쥐가 되어버리는 걸 보면 어디서 많이 본 듯한 상황이 떠오르는 느낌이다. 그 밖에 피부색은 온도에도 좌우된다. 밤의 냉기에 많은 카멜레온들이 창백해진다. 그럼 마지막으로 표현의 뉘앙스를 조심스럽게 따져보자. "카멜레온은 주변 환경에 맞춰 몸 색깔을 바꾼다." 이 말은 옳지 않다. 이 말은 "지금 내가 앉아 있는 잎에 맞추려면 무슨 옷을 입어야 하지?"라는 자각에 따른 능동적인 색깔 변화 능력을 카멜레온이 갖고 있다는 것을 전제로 한다. 하지만 색깔 변화는 저도 모르게 일어난다. 그러니까 우리가 원하든 원치 않든 곤란한 상황에서 얼굴이 붉어지는 것처럼 제어가 불가능하다. 카멜레온이 아무리 태연하게 행동해도 색깔의 변화가 언제나 녀석이 지금 어떤 기분인지를 알려준다.

칼새는 제비과다? 둘이 아주 비슷하게 생겼으면 아마 가까운 친척 사이가 틀림없을 것이다. 그리고 따뜻한 여름날 저녁 크고 새된 울음소리를 내면서 도로 옆을 돌진하는 칼새는 당장 제비과에 병합되어 '탑제비'가 되었다. 그런데 좀더 자세히 조사해 봐야만 독자적인 조류목(칼새목)을 형성하는 칼새와 참새목에 속하는 제비가 결코 형제자매가 될 수 없다는 사실을 알게 된다. 둘의 유사성은 극히 표면적인 것으로 비슷한 생활조건에 비슷하게 적응한 결과일 뿐이다. 흔히 진딧물만큼 작은 먹이를 고속비행 중에 부리로 공중에서 낚아채야 하는 식충食蟲 조류에게는 몇 가지 구조적인 의무사항이 있다. 바로 길고 좁은 날개, 짧은 부리와 곤충채집망 역할을 하는 넓은 입이다. 유연 관계가 없는데도 있다고 착각하게 만드는, 적응에 의한 이런 놀라울 정도의 유사성을 생물학자들은 '수렴'이라고 부른다.

코끼리는 죽을 때 묘지를 찾아간다? 이 후피동물들이 죽음을 예감하면 찾아간다는, 접근하기 힘든 숨겨진 늪지에 있다는 비밀스런 코끼리 묘지 이야기는 끊임없이 사람들의 상상력을 자극해 왔다. 아마도 남모르는 품위 있는 죽음이 존경심을 요구하는 이 회색 거인에게 잘 어울렸기 때문일 것이다. 또 어쩌면 상아에 대한 인간들의 탐욕이 그곳에 진짜 노다지가 있다고 믿게 만들었기 때문일지도 모른다. 어찌 됐든 코끼리들은 장거리 이동 중에 죽는 경우가 많다. 아주 늙은 코끼리들은 때때로 무리에서 떨어져 넓은 늪지대에서 고독한 식사를 한다. 그곳에는 그들의 다 닳은 이로도(코끼리, 232쪽 참조) 쉽게 씹을 수 있는 연한 식물들이 자란다. 따라서 그런 '코끼리 양로원' 주변에서 특히 많은 코끼리들이 죽는 것은 전혀 이상한 일이 아니다. 이것이 전설의 진실이다.

코끼리는 100살까지 산다? 몸집이 큰 동물들은 대개 작은 동물들보다 오래 산다. 따라서 육지에서 가장 거대한 포유동물인 코끼리에게 100살은 그다지 많은 나이가 아닌 것 같지만, 사실 코끼리는 60살이면 이미 노년기의 문턱에 들어선 셈이다. 최고로 장수한 아시아코끼리는 69살까지 살았다. 물론 동물원에서의 일이다.

야생 상태에서는 거의 그런 나이에 도달할 수 없을 것이다. 그 이유는 특히 이와 관계가 깊다. 코끼리는 위아래 턱에 각각 어금니가 6개씩 있는데, 이들은 한꺼번에 다 나지 않고 차례차례 난다. 이의 앞쪽 가장자리가 마모되면서 계속 원반 모양의 얇은 판들이 부서져 나와서 이가 점차 작아지는 동안 다음 이가 뒤에서 밀고 나온다. 처음에 난 이 세 개는 젖니이고 생후 처음 9년 동안 다 마모된다. 그 다음 네번째 이는 20~25세까지 사용하고, 벽돌만 한 크기의 여섯번째이자 마지막 이는 코끼리가 45살쯤 되었을 때 나서 보통 20년 동안 제 역할을 수행한다. 그러고 나면 더 이상 새 이가 나지 않는다. 코끼리는 매일 150킬로그램의 먹이를 씹어야 하기 때문에 이가 없는 상태로는 오래 버티기 힘들다. 그래서 이가 다 빠진 코끼리는 육체적으로 빠르게 쇠약해진다.

코끼리 암컷은 엄니가 없다? 이 말은

인도코끼리나 아시아코끼리로 대상을 좁혔을 때만 옳다. 이 코끼리들의 경우 암컷은 엄니가 없거나 기껏해야 아주 작은 흔적만 있을 뿐이다. 몸집이 더 크고 무거운 아프리카코끼리는 암수 모두 엄니가 있는데, 다만 수컷의 엄니가 암컷의 것보다 더 길고 두껍다.

코끼리 엄니만 상아로 되어 있다?

빙해氷海 외곽의 정교한 상아 조각품이라고? 북극 사냥꾼들의 이글루에서는 그것으로 성공적인 코끼리 사냥이 아니라 바다코끼리의 죽음을 축하했는데, 녀석의 긴 송곳니 역시 상아로 되어 있다. 어쩌면 그들은 일각돌고래 수컷을 잡아 녀석의 유일한 이인 왼쪽 위턱에 난 2.7미터 길이의 왼쪽으로 감긴 엄니를 가공하는 데 성공했을지도 모른다. 아니면 이누이트들이 소풍을 갔다가 냉동된 매머드를 발견했거나 그게 아니라면 최소한 빙하 시대에 멸종된 이 거대한 동물의 엄니라도 몇 개 발견했을 수도 있다. 코끼리 상아의 거래가 엄격하게 규제된 이후 북부 시베리아 일부에서 많이 발견되 고 있는 화석 상아가 점점 더 많이 가공되고 있다. 이런 '하얀 황금'의 비자발적인 공급자 동맹의 네번째 주자는 하마다. 수컷 하마에게는 거대한 송곳니가 있는데, 하마의 송곳니는 먼저 단단한 외피를 산酸으로 제거하면 코끼리의 상아보다 연해서 쉽게 가공할 수 있으며 게다가 시간이 지나도 누렇게 변색되지 않기 때문에 높이 평가된다.

그리고 마지막으로 식물성 '상아'도 있다. 아메리카 대륙의 열대 지방에서 자라는 브라질상아야자*Phytelephas macrocarpa*―'큰 열매를 맺는 식물 코끼리'라는 뜻으로 해석할 수 있다―는 지름이 4센티미터 남짓한 돌처럼 딱딱한 열매를 맺는데, 이 열매로 주로 단추를 만든다.

그런데 모두가 탐내는 이 물질의 독일어명인 엘펜바인Elfenbein은 요정Elf처럼 하얀 빛깔에서 유래한 게 아니다. 고대 독일어 단어인 헬판트바인Helfantbein이 바로 코끼리 뼈라는 뜻이었다. 그 당시부터 코끼리 엄니를 '진정한' 상아로 여겼다는 명백한 증거이다.

코뿔소 뿔은 정력을 강화시킨다?

코뿔소 뿔의 정력 강화 효과를 믿는 사람이라면 손톱을 깨물어 먹어도 좋을 것이다. 화학적으로는 둘 사이에 그리 큰 차이점을 확인할 수 없으니 말이다. 둘 다 각질(케라틴)로 되어 있기 때문이다. 어쩌면 이 경우에 플라세보 효과Placebo Effect(비활성약품을 약이라고 속여 환자에게 투약했을 때 나타나는 유익한 작용―옮긴이)가 작용하는 건 아닐까? 원시적인 이미지의, 코끼리 다음으로 힘이 센 이 육상

포유동물의 엄청난 힘을 빌리기 위해서 뿔만이 아니라 발굽, 피부와
뼈, 오줌과 콧물까지도 마법의 약으로 가공되었
다. 지금도 그런지는 모르겠지만 코뿔소의
뿔은 동아시아에서는 온갖 종류의 통
풍痛風 치료제로 쓰였다. 그러나 정
력제로는 행여 쓰였다고 하더라도
별로 중요하지 않은 듯하다. 그러므
로 제약업계에서 적절한 약품을 개
발해 내면 코뿔소들을 구하는 데 도움
이 될 거라는 자연보호론자들의 희
망은 유감스럽게도 헛된 것이다.

어쨌든 동아시아 다음으로 코뿔소 뿔의 주요 구매국인 예멘에서는
손잡이를 코뿔소 뿔로 만든 전통적인 굽은 단도의 소유가 그 사람의
경제적 능력을 나타낸다. 왜냐하면 코뿔소 뿔은 구할 뿐만 아니라
불법적으로만 구할 수 있기 때문이다. 전면적인 통상 금지에도 불구
하고 예멘에서는 1994년과 1996년 사이에 매년 50~100킬로그램
의 코뿔소 뿔이 밀수입되었고 어마어마한 가격으로 팔려 나갔다. 국
가적 차원의 강력한 보호 조치만이 생존에 위협을 받고 있는 코뿔소
들을 구할 수 있다.

코알라는 곰이다? 대체 누가 세계적으로

유명한 테디 베어의 진짜 모델인가 하는 논쟁은 아직 결론이 나지
않았다. 귀여운 코알라인가, 흑곰인가 아니면 불곰인가? 아마 흑곰

이나 불곰 중 하나일 것이다. 왜냐하면 이 이름은, 한때는 열정적인 사냥꾼이었지만 언젠가 부상당한 곰을 살려주었고 이것을 대통령 선거전에서 실컷 써먹었던 테오도르 '테디' 루스벨트 미국 대통령한테서 따왔기 때문이다. 반면에 누가 곰이고 누가 아닌가 하는 질문에는 답이 이미 나와 있다. 코알라는 학명에도 곰이라는 말이 들어가 있기는 하지만 곰과가 아니다. 학명 파스콜라르크토스 키네로이스*Phascolarctos cinereus*는 회색주머니곰이라는 뜻이다. 하지만 유칼리나무를 먹는 회색주머니 '곰'은 오스트레일리아에 사는 거의 모든 포유동물들과 마찬가지로 유대류이고 따라서 캥거루의 친척이다. 반면에 곰들은 포유류에 속하는 식육목 내에서 한 과를 형성한다.

콜로라도감자딱정벌레는 전쟁에 이용되었다?

콜로라도감자딱정벌레라는 골칫거리가 독일에서는 오래 전부터 중요한 국민 식량의 수확을 위협했다. 독일의 국가사회주의자들은 연합군이 눈에 띄는 노랑과 검정 줄무늬의 '공군'들로 군대를 강화했다고 주장했다. '제국 영양청 감자 사수단'

이 이 골칫거리들을 제압하기 위해서 출동했다. 구동독의 선전부가 1950년 「멈춰, 미국 딱정벌레Halt, Amikäfer」라는 팜플렛을 간행하여 미국인들의 딱정벌레 투하(이번에는 동독 상공에서다)라는 해묵은 이야기를 다시 끄집어낸 건 역사의 작은 아이러니다. 그런데 두려움의 대상인 이 해충이 자신들의 세력을 확산하는 데 인간의 도움은 필요없다. '미국 딱정벌레'는 감자처럼 신대륙 출신이고 감자의 세 계적인 개선 행렬을 뒤따라 다녔다. 녀석은 원래 고향이 로키 산맥 남쪽이라서 콜로라도감자딱정벌레라는 이름을 갖게 되었다. 그곳에서 이 멋진 딱 정벌레는 어느 날 야생 가지속 식물들 을 떠나 근연종인 감자로 이주했다. 19세기 후반 미국 어디에서나 "서부로 가자!"는 소리가 들렸을 때 이 딱정벌레들은 "동부로 가자!"라는 구호를 제창했다. 강력한 독물(이 딱정벌레의 해를 입은 밭에 대량으로 살포된 비산 등)들을 계속 투입했음에도 불구하고 녀석들은 불과 몇 년 만에 동부 해안까지 진출했다. 대구모로 몰려다니는 이 딱정벌레들이 무임 승객이 되어 배를 타고 유럽을 향해 출발하는 건 이제 시간 문제일 뿐이었다. 마침내 때가 왔으니, 1874년 콜로라도감자딱정벌레들은 유럽 땅에 그들의 여섯 개의 발을 내디뎠다. 그들은 그 이듬해에 독일 제국 정부가 공포한 미국산 감자에 대한 금수 조치도 개의치 않았다. 그 후 벌어진 다양한 퇴치 노력은 원산지인 미국에서와 마찬가지로 콜로라도감자딱정벌레들의 번식력과 전파력의 상대가 되지 못했다.

지붕에 **콥웹 하우스리크**를 심으면 벼락을 막아준다?

콥웹 하우스리크cobweb houseleek (돌나물과에 속하는 식물로 내구성과 내한성이 뛰어나다―옮긴이)는 중세 때 주피터의 수염, 도나르(게르만 신화에 나오는 번개의 신으로 '토르'와 동일한 신이다―옮긴이)의 수염 또는 토르(북유럽 신화의 번개의 신―옮긴이)의 수염 등으로 불렸으며 어디에서나 지붕에 심어졌다. 이런 이름을 준 신들의 공통적인 능력은 벼락을 내리는 것이었고, 사람들은 콥웹 하우스리크가 벼락을 막는다고 믿었다. 이런 믿음의 기원은 밝혀지지 않았지만, 아마도 게르만적 상상에 뿌리를 두고 있는 듯하다. 유감스럽게도 이런 믿음에는 과학적 근거가 전혀 없으며, 이 식물이 금속 피뢰침의 생태적 대체물이 될 거라고 기대하는 기술회의론자들도 꿈에서 깨어나야 한다. 하지만 추위와 더위, 가뭄을 견디는 콥웹 하우스리크의 빽빽한 로제트(단축된 줄기 끝에 붙어서 지표면에 접해 방사상으로 늘어선 잎군―옮긴이)와 뒤엉킨 뿌리덩이가 아마 한 가지 역할은 했던 것 같다. 바로 뗏장이나 짚으로 덮인 지붕 위에서 점토 용마루를 고정시켜 주는 일이다.

콩은 독이 없다? 정말 아무 의심 없이 콩을 먹어도 될까? 우선 콩이라고 해서 다 같은 콩은 아니다. 정원에 심은 강낭콩과 붉은강낭콩은 서로 다른 종이고, 잠두와 대두 역시 근연종일 뿐이다. 이 외에도 전 세계에는 헤아릴 수 없이 많은 종류의 콩이 있다. 그리고 이들 모두가 콩과에 속한다. 그런데 카카오콩, 커피콩 등 콩이라고 불리는 것들 중에는 콩알 모양으로 성겼을 뿐, 진짜 콩이 아닌 것도 여럿 있다.

그렇다면 콩은 독이 있는가 없는가? 모든 종의 성분이 다 똑같지는 않기 때문에 일괄적인 대답은 있을 수 없다. 흔히 재배되는 강낭콩과 붉은강낭콩의 경우에는 이런 대답이 가능하다. 그렇기도 하고 아니기도 하다. 이 콩들은 혈액응고를 방해하는 파신phasin(독성 단백질 화합물―옮긴이)이라는 독소를 함유하고 있다. 파신은 섭씨 75도에서 파괴된다. 그러므로 날콩은 실제로 독이 있고 건조시켜도 독소가 제거되지 않는다. 따라서 반드시 잘 익힌 후에 먹어야 한다. 강낭콩과 근연종인, 따뜻한 나라에서 재배되는 오색콩, 즉 리마콩은 하루 이틀 정도 물에 담가놓았다가 삶아야 청산 화합물에 의해 유발되는 독성이 제거된다. 이때 삶은 물은 버려야 한다.

반면에 대두와 독일에서는 흔히 가축 사료로 재배되고 경우에 따라 채소로도 이용되는 잠두는 독이 없다. 하지만 누에콩이나 마마콩으로도 알려진 잠두는 독성 알레르기를 유발할 수 있다. 특히 지중해 지방 사람들은 유전성이 있는 알레르기의 위험에 많이 노출되어 있다고 한다.

콩과 식물에는 나비가 찾아온다?

콩과 식물의 꽃은 그 자체가 바로 '나비'다. 맨 위의 꽃잎은 매우 크고, 양옆의 두 장은 마치 날개처럼 좌우로 펼쳐져 있고(날개라고 불리기도 한다), 밑의 두 장은 깃촉 형태로 서로 결합되어 있다. 바로 나비의 모습이다. 콩과에 속하는 식물로는 클로버, 나비나물, 루핀, 키티수스, 아카시아 등이 있다. 아카시아는 아카시아 꿀을 만든다. 따라서 콩과 식물을 찾아오는 건 주로 꿀벌들과 그들의 다양한 야생 친척들이라는 것을 알 수 있다.

　주로 나비들에게 이용되는 꽃들도 있다. 이런 꽃들은 '충매화'라고 불린다. 충매화로는 수많은 종류의 석죽과 식물들이나 정원이나 철롯가에 야생화처럼 무성한 부들레야가 있는데 부들레야는 '나비관목butterfly bush'이라는 제법 잘 어울리는 별명을 가지고 있다.

클론은 비자연적이다? 인간의 생식생물

학과 관련해서 극도로 복잡하고 다양한 토론이 있을 때마다 매번 클론clone이라는 허깨비가 등장한다. 유전적으로 동일한 생물은 정말로 반자연적인가? 물론 아니다. 일란성 쌍둥이는 모두 똑같은 유전자를 갖는 두 개체, 즉 클론이다. 식물계에서 복제는 일반적인 일이다. 정원사가 하는 꺾꽂이에 의한 증식 역시 포기나누기, 기는줄기, 무성아無性芽, 알뿌리나누기 그리고 식물이 씨앗 형성 대신 쓰는 수많은 방법들에 의한 번식과 마찬가지로, 유전자가 동일한 자손을 탄생시킨다.

복제의 장점을 이용하는 동물도 여럿 있다. 물벼룩이나 진딧물 암 컷이 짧은 시간에 믿을 수 없을 정도로 많이 번식할 수 있는 것은 무 엇보다도 시간을 빼앗기는 섹스를 포기하고 대신 자신들의 유전적 복제품인 딸들만을 낳기 때문이다(단성생식, 90쪽 참조). 몇몇 포유 동물들조차도 복제가 정기적으로 계획되어 있다. 아홉띠아르마딜로 는 계속해서 일란성 네 쌍둥이를 낳고, 다른 두 종의 아르마딜로는 유전적으로 동일한 여덟 또는 열두 쌍둥이를 낳는다.

타란툴라에게 물리면 중병에 걸린다?

거의 모든 거미가 독이 있다. 하지만 소수의 예외만 빼면 중부 유럽의 거미 종들은 그들의 주사기로는 사람의 피부를 뚫지 못한다. 반면에 좀더 남쪽 지역에서는 조심하는 게 좋다. 땅에 구멍을 파고 살며, 굉장히 큰 집가게거미의 일종인 테게나리아 아트리카 *Tegenaria atrica*만큼 튼튼한 체격을 자랑하는 타란툴라는 심하게 물 수 있다. 통증은 말벌에 쏘인 통증과 거의 비슷하다. 하지만 한때 일부 지방에서는 타란툴라에게 물린 부작용이 훨씬 더 심각하다고 생각했다.

13~18세기에 이탈리아의 폴리아 지방은 '타란티즘'에 휩싸였다. 사람들은 타란툴라에게 물리면 그렇게 된다고 흔히 생각하는 것처럼 마치 벼락을 맞은 듯 바닥에 쓰러졌고 온갖 고통을 호소했다. 그런데 음악을 틀자 환자는 다소 도취된 듯한 상태로 춤을 추기 시작했고 얼마 후 병이 나았다. 빠른 춤인 타란텔라(이탈리아의 민속춤과 춤곡으로 남부 타란토 시에서 유래했다는 설도 있다―옮긴이)는 이렇게 탄생했다. 의학사 연구자들은 그 병이, 어떤 의사가 자신을 대상으로 실험한 덕분에 1693년에 면제부를 얻은 타란툴라에 의한 것이 아니라 단순한 일사병이었다고 본다.

타조는 머리를 모래 속에 처박고 숨는다?

타조는 빠르고 끈기가 있으며 두 개의 단단한 발톱으로 무장된 근육질 발로 자신을 잘 방어할 수 있다. 따라서 손쉬운 사냥감

이 아니다. 하지만 알이 있으면 타조는 딜레마에 빠진다. 적이 나타
났을 때 줄행랑을 치면 자기 목숨은 구할 수 있겠지만, 2세에 대한
적지 않은 투자는 날아가 버릴 수밖에
없다. 그래서 타조 부부는 위장술을
쓰고 분업을 실시한다. 눈에 띄는
흑백색의 수컷은 밤에 알을 품
고, 갈색인 암컷은 낮에 알을 품
는다. 위험이 다가오면 두 가지
길이 있다. 암타조는 둥지에서
슬쩍 떨어져 나와 어느 정도 거
리를 두고 '굼뜬 짐승'인 척해

서 관심을 보이는 맹수를 다른 데로 유인해 낸다. 아니면 알들 위에
날개를 펴고 납작 엎드려서 눈에 띄는 긴 목을 집어넣는다. 머리는
바닥에 바짝 붙이고 위험이 지나가는지 주의 깊게 지켜본다. 이것이
진정한 타조의 전략이다. "내가 보지 않으면 상대도 나를 보지 못한
다"는 믿음으로 머리를 모래 속에 처박고 위험을 무시하는 것이 타
조의 전략은 아니다.

팬더는 앞발가락이 여섯 개다?

중국 산속의 대나무숲에서는 흑백색의 팬더가 엉덩이를 깔고 앉아 자신의 주업무에 몰두하고 있다. 팬더는 하루에 거의 16시간을 대나무 잎을 먹는 데 보낸다. 이때 팬더는 체계적으로 일을 처리한다. 대나무 잎을 먹기 전에 우선 잘 움직이는 엄지발가락과 나머지 다섯 발가락 사이로 대를 통과시켜서 잎을 떼낸다. 앞발가락이 여섯 개라고? 육상 척추동물의 기본 구조에서는 발마다 발가락이 다섯 개씩이다. 진화 과정에서 많은 동물들이 발가락 일부를 상실하기도 했다. 예를 들어 코뿔소는 발가락이 세 개고 소는 두 개, 말은 하나뿐이다. 반면에 발가락 수의 증가는 진화의 관례와는 부합되기 어렵다. 수수께끼의 해답은 팬더가 앞발을 X선 촬영기 밑으로 밀어넣으면 곧 밝혀진다. 녀석의 '엄지발가락'은 진짜 발가락이 아니라 관절로 결합되고 근육으로 움직여지는 심하게 커진 종자골(종자골은 건_腱 속에서 새로 발달한 뼈로, 우리의 슬개골이 한 예다―옮긴이)이다. 식육목이라면 마땅히 그렇듯이 팬더도 진짜 발가락 다섯 개가 발 하나를 이룬다. '여분의 엄지발가락'이라는 속임수는 팬더에게 발 하나로는 불가능한 일을 가능하게 해준다. 바로 목표물을 확실히 붙잡는 일이다.

펭귄은 비행기를 쳐다보다가 뒤로 넘어진다? 이런 소문은 어처구니없는 포클랜드 전쟁의 역시 어처구니없는 부산물인 듯하다. 그때 영국군 조종사들은 비행기가 펭귄 위로 날아가면 이 새들이 고개를 들고 목을 계속 뒤로 젖혀서 쳐다보다가 종국에는 뒤로 넘어진다고 주장했다. 유감스럽게도 펭

귄 도미노는 과학적 심사를 통과하지 못했다. 실험을 위해 비행기가 머리 위로 이리저리 날아다니자 펭귄들은 비행기의 시끄러운 소음 때문에 두려움과 공포에 휩싸여 도망치기 시작했다. 아쉽지만 이 엉뚱한 실험에서 뒤로 넘어진 펭귄은 단 한 마리도 없었다.

펭귄은 남극에서만 산다? 펭귄은 남반 구에만 있고 북극해에는 없다는 것은 분명한 사실이다. 또 가장 큰 종인 황제펭귄만큼 남극의 극단적인 기후에 잘 적응한 조류는 없다

는 것도 사실이다. 황제펭귄 수컷은 혹독하게 춥고 어두운 겨울 동
안 과밀한 집단 번식지에서 알을 품는데 먹지 않고도 약 석 달을 견
딜 수 있다. 그러나 펭귄이 이런 극단적인 기후에서만 잘 지낸다는
말은 틀렸다. 17종 중 대부분은 남극 대륙 주변의 군도群島들이나 오
스트레일리아, 아프리카, 남아메리카 남부의 좀더 수월한 삶을 선호
한다. 심지어 자카스펭귄은 남아프리카 해안을 지나 남회귀선까지
넘어가고, 남아메리카의 페루펭귄은 훨씬 더 먼 열대 지방까지 진출
한다. 게다가 적도의 태양 바로 아래에서 사는 펭귄도 있는데, 바로
갈라파고스펭귄이다. 이런 일이 가능한 까닭은 펭귄의 분포를 결정
하는 것이 온도보다는 먹이이기 때문이다. 남아메리카 서해안에는
차가운 훔볼트 해류와 상승하는 저층수 덕분에 양분이 풍부하다. 따
라서 그 해역에는 플랑크톤과 물고기가 아주 풍부하다. 이것이 펭귄
을 포함한 대규모 바다새 군집의 기반이다. 몇 년 후에는 따뜻한 표
면수가 한류 위로 지나가게 될 것이다. '엘니뇨'('아기 예수', 크리스
마스 즈음에 발생하기 때문에 이렇게 불린다)라고 부르는 이런 기후
현상은 바다새들에게는 커다란 재앙이 아닐 수 없다. 녀석들은 속
수무책으로 굶어 죽는다. 갈라파고스펭귄은 엘니뇨 때문에 한때 거
의 멸종 직전까지 갔었지만 요즘은 개체수가 다시 늘어났다.

포유류만이 새끼를 낳는다? 포유류

에게는 이것이 정상적인 생식방법이다. 새끼는 자궁 속에서 보호받
고 필요한 것을 전부 공급받으면서 어느 정도 성장한 뒤에 태어난
다. "포유류만이 새끼를 낳는다"는 명제를 다시 말해 보면 이렇다.

"포유류가 아닌 동물들은 새끼를 낳지 않는다. 즉 알을 낳는다." 조류의 경우 이 원칙이 무조건 적용된다. 하지만 나머지 척추동물들의 경우에는 수많은 예외가 있다. '원칙에 어긋나게도' 그들은 새끼를 낳는다.

이해를 돕기 위해 전문용어를 몇 개 쓰지 않을 수 없다. 알이 부화 직전에 체외로 나오고 배胚가 부화할 때까지 전적으로 알의 노른자위(난황)의 영양분으로 사는 경우 난태생卵胎生(ovoviviparity : ovum＝알, vivipar＝새끼를 낳다)이라고 부른다. 수많은 상어종과 몇몇 물고기들이 이 방법으로 번식하는데, 그 중에는 살아 있는 화석인 고풍스런 라티메리아*Latimeria*도 있다. 독일에 사는 노랑무늬영원은 알을 열 달 동안 몸 속에 품고 있다가 유생이 알을 깨고 나오면 얼마 후에 적당한 물이 있는 곳, 보통은 작은 샘에 이 유생을 낳는다. 굼벵이무족도마뱀의 새끼들은 태어난 직후에 얇은 알껍질을 찢고 나온다.

태아가 자궁 속에서 보호될 뿐만 아니라 영양분도 공급받을 경우 태생胎生, viviparity, 즉 새끼를 낳는다고 한다. 이런 정의에 따르면 태생과 난태생의 차이는 아주 분명하다. 하지만 유감스럽게도 현실은 훨씬 더 복잡하고 새끼를 낳는 두 방법 사이에는 수많은 연결점이 있다.

태생은 포유류의 사례가 우리에게 친숙하다. 대부분의 포유류의 경우 태아는 특별히 발달된 영양기관인 태반을 통해서 영양을 공급받는다. 하지만 포유류가 아닌데도 이런 방법이나 비슷한 방법을 이용하는 동물이 몇몇 있다는 사실은 거의 알려져 있지 않다. 일부 상어들의 경우 배는 미수정란이나 젖과 비슷한 자궁 분비물을 먹고 자란다. 특히 흥미로운 것은 그레이너스샤크grey nurse shark다. 자기 난

황낭의 양분을 다 먹어 치운 새끼들은 우선 다른 알을 먹고 그런 후에는 서로 쫓고 쫓기기 시작한다. 1년이 채 못 되는 임신기간이 지나면 겨우 2마리의 새끼만이, 그것도 각각 다른 자궁 안에서 살아남는다. 이 녀석들은 태어날 때 벌써 몸길이가 1미터로 부모의 3분의 1이나 된다.

고대 그리스의 천재적인 학자 아리스토텔레스가 녀석들의 특별한 번식방법을 조사해서 기록했다고 해서 '아리스토텔레스의 상어'라고 불리는 무스텔루스 레비스*Mustelus laevis*의 경우 몇몇 다른 상어들과 마찬가지로 배와 어미의 조직 간의 접촉을 통해서 어미와 새끼 사이의 물질 교환을 담당하는 진짜 태반이 생성된다. 새끼 상어는 탯줄로 태반과 연결되어 있다. 양서류에도 역시 소수이긴 하지만 태생동물이 있다. 가장 유명한 예는 알프스도롱뇽인데 이 도롱뇽은 3~4년의 임신기간이 지난 후에 유생이 아니라 완전한 새끼를 낳는다. 새끼를 낳는 경우는 파충류가 더 빈번하다. 이 경우에도 배자는 태반으로부터 영양을 일부 공급받는다.

전체적으로 보면 상황은 그리 간단하지 않고 수많은 예외와 특수성이 존재한다. 만약 여기서 새끼를 낳는 무척추동물까지 언급한다면 훨씬 더 혼란스러워질 것이고 이 간략한 개요마저 완전히 붕괴되고 말 것이다. 어떤 경우라도 확고한 사실은 포유류의 번식방법이 전혀 독특하지 않다는 점이다.

포유류는 알을 낳지 않는다? 1798년
런던의 영국 자연사 박물관의 동물학자들은 그보다 얼마 전에 발견된 오스트레일리아 대륙에서 실어온 몇몇 동물들 중에서 털가죽과 부리가 있는 낯선 동물을 발견하고 적잖이 놀랐다. 털가죽이 있는 걸 보면 의심할 여지 없이 포유류인데, 부리는 포유류에게는 전혀 걸맞지 않은 것이었다. 그렇다면 위조품? 전문가의 손으로 봉합된 기형아인가? 하지만 자세히 조사해 보자 그것이 결코 허구의 동물이 아님이 금방 밝혀졌다. 발에 물갈퀴가 있고 부리가 달린 포유동물의 존재를 인정하기가 무섭게 더 놀라운 일이 벌어졌다. 이 오리너구리란 녀석이 새끼를 낳지 않고 알을 낳은 것이다. 암컷이 강가로 통하는 땅굴 안에서 알 2개를 7~14일 동안 품으면 겨우 25밀리미터 크기의 새끼들이 난치卵齒를 이용해 껍데기를 깨그 나온다. 하지만 그 이후부터 오리너구리는 진정한 포유류로서의 모습을 보여준다. 새끼의 먹이는 젖인데, 오리너구리는 젖꼭지가 아니라 젖샘이 분포된 부분에서 젖이 퍼지며 분비된다. 덕분에 부리로도 받아먹을 수 있어서 매우 실용적이다.

오리너구리의 가장 가까운 친척이며 오스트레일리아와 뉴기니에 사는 가시두더지(바늘두더지)도 알을 낳는다. 가시두더지는 알을 딱 하나만 낳아 복부에 있는 주머니에 넣고 다닌다. 태어날 때는 겨우 15밀리미터밖에 안 되는 새끼는 6~8주가 지나 너무 커지고 가시가 많아질 때까지 이 주머니 안에 머문다.

설명을 해달라고? 많은 화석들이 입증해 주듯이 포유류는 파충류에서 진화했다. 그리고 파충류는 알을 낳는다. "자연은 비약하지 않는다"가 진화생물학자들의 오랜 믿음이다. 이 말은 곧 파충류에서 포유류로의 길은 멀었고 개조는 단계별로 진행되었다는 뜻이다. 그리고 털가죽과 포유哺乳 등 수많은 포유류의 특징은 이미 '발명'된 다음이지만 새끼를 낳는 것은 아직 발명되지 않았을 때 오리너구리와 가시두더지의 선조들이 포유류 진화의 '주류'에서 빠져 나와 독자적인 길을 갔던 것이다. 이제 이들은 아주 오래된 파충류의 특징(산란), 전형적인 포유류의 특징(털가죽), 자신들만의 독자적인 새로운 특징(부리)으로 이루어진 기묘하고도 혼란스러운 모자이크 생물로서 우리 앞에 서 있다.

포유류는 공룡보다 뛰어났기 때문에 진화에서 살아남았다?

6,500만 년 전에 갑작스런 종말이 찾아오기 전까지 공룡은 1억 5,000만 년 동안 지구를 지배했다. 우리가 사는 이 행성의 환경이 별안간 돌변해서 공룡들과 다른 많은 동식물군이 함께 멸종한 것은 아마 운석 때문이었을 것이다(공룡, 54쪽 참조). 그런데 몸집이 작고 분화가 덜 되어 있던 포유류는 이 대변동에서 살아남았다. 만약 대변동이 없었다면 포유류는 현재처럼 육지에서 생태적으로 지배적인 척추동물군이 되지 못했을 것이다. 포유류가 정말로 근본적으로 공룡보다 뛰어났다면 그 전에 이미 그런 사실을 입증할 시간이 많았을 것이다. 최초의 포유동물은 2억 년도 더 전에 초기의 공룡들과 거의 동시에 탄생했으니 말이다. 그러니까 우리 포유류가 우월감을 느낄 이유는 전혀 없다. 그때만 해도 원숭이와 다를 바 없던 우리 인류의 선조들이 두 다리로 서게 된 지 이제 겨우 500만 년이 지났다는 점을 감안할 때 융통성 없는 상사를 '공룡'이라고 조롱하는 게 오히려 칭찬은 아닐지 한번 곰곰이 생각해 볼 일이다.

포인세티아의 꽃잎은 크고 붉다?

포인세티아의 크고 붉은 '꽃'들은 정말 눈이 좋아서 저 멀리에서 누가 오는 게 보이면 벌써 그쪽으로 빛을 발한다. 그리고 바로 그것이 그들의 임무다. 꽃가루받이를 해줄 곤충들을 유혹하는 것 말이다. 자세히 들여다봐야만 포인세티아의 속임수(다른 식물들도 똑같거나 비슷한 속임수를 쓴다)를 발견할 수 있다. 포인세티아의 광고를 도맡아 하는 건 꽃이 아니라 붉은색으로 변한 넓은 잎이나 포엽들이고 그 사이에 이 대극과 식물의 작고 수수한 진짜 꽃들이 숨어 있다. 그런데 곤충들은 일단 현장에 오기만 하면 당연히 화밀의 출처를 발견하고 포인세티아를 위해 가루받이를 해준다.

풀은 항상 키가 작다? 사람이 대나무숲을

산책하는 것은 마치 작은 딱정벌레가 풀 사이를 거니는 것과 같다. 최고 25미터까지 자라고, 수백여 종에 이르는 대나무는 큰 키만 빼면 작은 친척들과 매우 닮았다. 대나무의 줄기는 안정성을 위해서 심하게 목질화되긴 했지만, 초원에 자라는 풀들과 마찬가지로 마디로 나뉘어진다. 잎도 전형적인 풀잎으로 길고 가늘며 잎맥들이 나란하게 나 있다. 또 대나무들의 특징인 배타적인 군집도 영국잔디를 연상시킨다. 이 거대한 풀을 보기 위해 아시아로 여행 갈 생각이 없는 유럽인들은 정원에 팜파스그래스를 심으면 된다. 아니면 갈대 바다에 잠수하든지. 거기서도 풀이 사람 머리 위까지 자라니까.

프레리도그는 개다? 미국의 대초원 지

대인 프레리에는 개과인 코요테도 살긴 하지만, 프레리도그는 설치류로서 마멋과 다람쥐의 가까운 친척이다. 녀석은 불안해지면 개처럼 짖기 때문에 이런 이름을 갖게 됐다. 프레리도그는 수천 개의 입구와 수 킬로미터에 달하는 도로를 갖춘 본격적 '도시'인 대규모의 지하 집단 거주지에서 산다. 과거에 프레리도그는 미국 중서부의 광활한 지역들, 드넓은 천연 목초지가 펼쳐져 있는 곳에서 서식했다. 그러나 현재 프레리는 대부분이 경작지로 이용되고 있고, 넓은 지역이 심각한 토양 침식에 시달리고 있다. 모여 살기를 좋아하는 이 설치류에게는 좋지 못한 시절이다!

피는 항상 붉다? "민중의 피는 붉지만 귀족의

피는 푸르다." 이 말은 노동자 계급은 야외에 오래 있어서 피부가 가죽 같아진 반면, 궁전이나 대저택의 규방에서 지내는 아리따운 아가씨들은 보드랍고 하얀 살갗을 통해 혈관이 푸른빛으로 어슴푸레 내비친다는 것이다. 하지만 그런 아가씨도 수를 놓다가 손가락을 찔리면 붉은 피를 흘렸다. 붉은색을 내는 것은, 적혈구에 집중되어 있으면서 척추동물의 몸 속에서 산소 운반을 담당하는 헤모글로빈이다. 하지만 헤모글로빈이 없는 경우도 있다. 남극의 빙어는 피가 투명하며, 곤충의 경우에는 투명하거나 푸른 빛에 가깝다. 곤충의 경우에 가스 교환은 피가 아니라 호흡기관의 미세하게 분지分枝된 기관계氣管系에 의해 조절된다. 하지만 붉은 혈색소를 가진 무척추동물도 여럿 있다. 이를테면 지렁이와 수족관 전문가들 사이에서 모이용 동물로 선호되는, 몇몇 모기붙이 종의 새빨갛게 물든 붉은 유충도 붉은 혈색소를 갖고 있다. 다른 무척추동물들은 산소 운반자로 철분이 주성분인 헤모글로빈 대신 구리를 함유한 헤모시아닌을 이용하는데, 그런 동물은 정말로 피가 푸른색이다. 동물 세계에서 푸른 피의 '귀족'으로는 무엇보다도 두족류, 대부분의 복족류, 많은 갑각류, 투구게, 전갈과 거미 등을 꼽을 수 있다.

피그미침팬지는 발육이 불완전한 침팬지다? 실제로 오늘날에는 보노보로 알려진 세번째

아프리카 유인원 종(나머지 둘은 침

팬지와 고릴라다)은 1929
년에 발육이 불완전한 침
팬지의 아종으로 기록되었
다. 그로부터 4년 후에 콩
고 강의 남쪽 열대 우림에
사는 보노보가 난쟁이도
침팬지도 아니라는 사
실이 분명해졌다.
그간의 오해는 보

노보 종에 대한 최초의 기록이 아주 어린 개체들을 바탕으로 했기 때문이다. 보노보는 대체로 침팬지보다 귀여운 체격이지만 키가 많이 작지는 않다. 침팬지보다 좀더 날씬하고 팔다리가 더 길다. 보노

보는 나무에서 잘 떠나지 않고 땅바닥에서는 두 다리로 걸어다닐 때가 더 많다. 침팬지보다 머리통이 더 동그랗고 입은 훨씬 덜 튀어나왔다. 덕분에 보노보는 좀 어린애 같은 인상이고 침팬지보다 인간과 더 비슷해 보인다. 보노보와 침팬지는 특히 사회적 행동에서 큰 차이를 보인다. 가까운 유인원 친척들과는 달리 보노보 집단은 거의 항상 수컷과 암컷으로 이루어진다. 이 유인원들의 자유분방해 보이는 성생활은 특별한 관심(평소에는 생물학적 주제에 신경을 쓰지 않던 연예오락 신문들마저 관심을 보였다)을 불러일으켰다. 그들의 성생활에는 빈번할 뿐만 아니라 상대를 가리지 않는 성교와 동성애가 포함된다. 이런 성생활이 다른 유인원 집단에서는 때때로 심각한 지경에 이르기도 하는 사회적 긴장을 완화시키는 데 기여하는 것처럼 보인다. 예를 들어 침팬지는 본격적인 패싸움을 벌이기도 하고 살생도 불사한다.

피라냐는 극도로 위험하다?

말을 타고 강을 건너던 사람이 말과 함께 단 몇 초 만에 면도칼처럼 날카로운 이빨들에 의해 뼈만 남게 된 이야기를 모르는 사람이 있을까? 늑대(늑대, 88쪽 참조)의 경우처럼 무서운 이야기들은 현실을 한참 뛰어넘는다. 사람이 피라냐들에게 죽음을 당했다는 이야기는 어디에서도 실제로 확인된 바가 없다. 피라냐는 물고기들을 훨씬 더 좋아하기 때문에 남아메리카 원시림의 하천 근처에 사는 사람들은 걱정없이 물 속으로 뛰어든다. 물론 그들도 건기에는 점점 말라가는 막힌 지류에서 멱감는 것을 포기한다. 대규모의 피라냐떼가 몰려들어

좁은 데서 북적거리게 되면 스트레스와 허기 때문에 녀석들이 아주
난폭해지기 때문이다. 이때 피라냐들은 자기들 영역 안으로 들어온
것은 무엇이든 거의 다 잡아먹는다.

하루살이는 딱 하루만 산다? 하루살이의 본질적인 삶은 어린 시절이다. 물 속에서 보내는 하루살이의 유충 시절은 대개 1년 정도이지만, 어떤 종은 2년 혹은 3년까지도 지속된다. 마침내 날 수 있는 형태로 우화하고 이것은 얼마 후 곤충 중에서는 유일하게 다시 한 번 껍질을 벗는다. 이제 다 자란 하루살이는 그 이름(영어명은 메이플라이mayfly, 독일어명은 아인탁스플리게Eintagsfliege로 모두 '파리'가 들어간다─옮긴이)에도 불구하고 전혀 파리를 닮지 않았다. 하루살이는 대개 세 개의 긴 꼬리털이 달린 길고 가는 몸통과 4개의 투명하고 시맥翅脈이 많은 날개를 가지고 있고, 쉴 때는 날개를 접어 몸 위에 얹는다. 실제로 하루살이 성충은 겨우 몇 시간 혹은 길어야 며칠밖에 살지 못한다. 그러나 그 정도면 밤에 떼를 지어 짧은 생의 황혼을 함께할 배우자를 찾아서 종의 존속을 위해 몸바칠 시간은 충분하다. 반면에 밥 먹을 짬은 없다. 음식 섭취는 처음부터 계획되어 있지 않은데, 퇴화한 구기와 공기로 가득 차서 체중을 줄여주고 덕분에 혼인비행을 수월하게 해주는 장腸을 보면 이 점을 분명히 알 수 있다. 하루살이를 이름 그대로 '하루 살이'로 받아들이는 건 타당하다. 하루살이는 실제로 딱 하루만 비행한다. 하지만 유충 시절이 길기 때문에 하루살이가 정말로 짧은 생밖에 못 누린다고 주장할 수는 없다.

하마는 피를 땀처럼 흘린다? 5센티미터 두께의 피부 덕분에 하마는 물 속에서 추위에 떨거나 햇볕 아래서 쉽게 더위를 타지 않는다. 아프리카의 태양이 이 거대한 우제류 동물의 벗은 살갗 위로 너무 따갑게 내리쬐면 녀석은 몸을 식히기 위해 선腺에서 끈적끈적하고 염분이 포함된 적갈색 체액을 분비한다. 이 분비물이 시험관에 담겨져 화학적으로 분석된 적은 아직 한 번도 없는 것 같다. 누가 감히 땀 흘

리는 하마 곁으로 다가가겠는가? 녀석들은 사자, 코끼리, 물소를 합한 것보다 더 많은 사람들의 목숨을 앗아갔으니 말이다. 하지만 그 붉그레한 색이 피에서 나온 게 아니라는 점만은 분명하다. 누군가 "피와 땀을 흘린다"면 그건 단연코 하마는 아니다. 전혀 그럴 필요도 없는 것이 어른 하마는 인간을 빼고는 적이 없기 때문이다.

하마는 말과 친척이다?

'하마河馬'라는 이름이 학명 히포포타무스*Hippopotamus*(hippos는 말, potamos는 강이라는 뜻이다—옮긴이)의 정확한 해석이라 해도 물을 사랑하는 이 후피동물의 가장 가까운 친척을 찾는다면 그건 말이 아니라 돼지다. 하마와 돼지는 우제류에 속하고—하마는 발마다 발굽이 네 개씩이다—이 광범위한 친족 내에서 비반추동물(되새김질을 하지 않는 동

물—옮긴이)들의 소그룹을 형성한다. 반면에 말은 발굽이 하나뿐이고(가운데 발가락의 것), 따라서 적어도 뒷발은 발가락이 세 개인 맥貘과 코뿔소와 마찬가지로 확실한 기제류이다.

하이에나는 썩은 고기를 먹는 겁쟁이다?

하이에나에 대한 평판이 이보다 더 나빠질 수는 없을 것이다. 일반적으로 하이에나는 썩은 고기를 먹고사는 아첨꾼이자 겁쟁이로 여겨진다. 또 위엄의 상징인 사자(사자, 161쪽 참조) 같은 용감한 사냥꾼들이 잡은 먹이를 교활하게 가로채는 것으로 유명하다. 하이에나에 대한 오래된 기록들을 보면 특히 부도덕한 존재로 묘사되어 있는데, 심지어 무덤까지 파헤친다는 주장도 있다. 그걸 방지하려는 것이 아마 무덤을 돌로 덮은 원래 이유였을지도 모른다. 사실 하이에나는 먹을 수 있는 건 되는 대로 전부 끌어 모은다. 동물의 사체 외에도 열매, 알, 온갖 종류의 작은 동물들이 다 포함된다. 물론 직접 사냥도 한다. 가장 흔한 하이에나인 점박이하이에나는 직접 잡은 먹이를 주식으로 하는데, 가장 큰 사냥감은 얼룩말이다. 그리고 하이에나는 절대로 비겁하지 않다. 자기들이 막 죽인 누(남아프리카에 사는 소와 비슷하게 생긴 영양류—옮긴이)를 사자들이 날치기하는 모습을 이를 갈면서 지켜보기만 하는 하이에나 패거리는 '영리하게' 처신하는 셈이다. 막강한 턱이 있음에도 불구하고 하이에나는 사자에 비해 열세이고 싸우다가 다칠 위험이 너무 크기 때문이다. 물론 이따금 상황이 역전될 때도 있다. 20여 마리의 으르렁거리는 하이에나 패거리가 사자 한두 마리를 둘러싸면 이번에는 사자가 식사를 포기한다.

해면은 식물이다? 해면은 식물이 아니다.

진짜 근육도 신경도, 이동기관이나 감각기관도 없지만 해면은 동물이다. 해면의 세포는 확실히 동물 세포임이 확인되었고, 영양 공급도 식물처럼 광합성이 아니라 플랑크톤 섭취에 의해 이루어진다. 해면은 골격에 의해 형태를 얻는데 골격은 규산, 석회 또는 각질과 비슷한 물질인 해면질―예를 들어 목욕해면의 경우―로 구성된다. 해면의 개별 세포들은 자유롭게 움직일 수 있고 표면에만 진짜 조직을 형성한다. 이 세포들은 그다지 잘 분화되어 있지 않기 때문에 해면은 체로 걸러내도 다시 결합해서 해면이 될 수 있는 능력이 있다. 해면 전체를 관통하는 하나의 수관계가 있고, 이 안에서 세포들은 끊임없이 물이 흘러가게 해서 먹이를 걸러낸다. 해면은 살아 있는 필터로서 수자원의 생물적 정화에 매우 중요한 역할을 한다. 1리터의 물을 수용할 수 있는 목욕해면은 시간당 250리터의 둘을 걸러 내보낸다. 해면은 바다 속에서 최고의 다양성을 자랑한다. 5,000종에 달하는 해면의 대다수가 바다에서 산다. 이들은 믿을 수 없을 만큼 다채로운 모자이크로 커다란 바위를 뒤덮을 때도 많다.

해바라기는 꽃이 크다?

사실 해바라기는 각각이 열매(저 유명한 해바라기 씨)를 맺는 개개의 수많은 작은 꽃들로 이루어진 하나의 꽃다발이다. 수많은 작은 꽃들이 한데 모여 커다란 꽃차례를 이루기 때문에 가루받이를 해주는 곤충들에게는 더없이 매력적이다. 이런 매력은 식물에게는 종족 유지를 위해 매우 중요한 요소다. 불꽃처럼 노란 바깥쪽 꽃들에 의해 효과는 한층 더 증폭된다. 이 꽃들이 전체를 위한 광고를 담당한다. 해바라기의 특성은 다양한 친족 관계를 자랑하는 국화과의 여타 꽃들에게도 해당되는데, 애스터, 캐모마일, 데이지가 대표적이다.

해삼은 식물이다?

거대하고 통통한 벌레를 닮은 해삼이 식물학자들의 관심거리가 아닌 것은 당연하다. 뿌리도 잎도 없고 초록색도 아니니까. 해삼의 진정한 계통은 다시 한 번 살펴봐야 비로소 알 수 있다. 최고 2미터까지 자라고 대개 거의 꼼짝 않고 해저에 누워 있는 이 동물은 몇 가지 유사점에도 불구하고 벌레들과는 전혀 관계가 없다. 해삼의 사촌들은 불가사리와 성게라는 녀석들이다. 이들(또 다른 몇몇)과 더불어 해삼은 극피동물문에 속한다. 해삼은 친척처럼 튼튼한 골격은 갖고 있지 않다. 해삼에게는 피부 밑에 수많은 아주 작은 석회질 골편骨片만이 있을 뿐이다. 하지만 불가사리들에게서 쉽게 볼 수 있는 극피동물들의 다섯 가닥으로 갈린 몸은 해삼에게서도 나타난다. 전형적인 작은 발(관족)(불가사리, 153쪽 참조) 들은 세로로 다섯 줄씩 배열되어 있다. 해삼은 이 발들로 달팽이처럼 느린 속도로 기어간다. 15분에 1미터 이상은 가지 못한다. 해저의 '진공청소기'로 인기 있는 이 생물에게 더 빠른 속도는 어차피 필요없다(해삼이라는 우리나라 이름은 영양분이 거의 인삼과 같다고 해서 붙였다고 한다—옮긴이).

해파리는 독이 있어서 건드리면 안 된다?

여기서 우리는 해파리의 유연 관계를 잠깐 조명해 봐야 한다. 해파리는 자포동물문에 속하는데, 자포동물은 방어나 먹이 포획을 위해 아주 다양한 형태의 자세포刺細胞를 가지고 있기 때문에 그렇게 불린다. 정확히 27개의 서로 다른 유형의 자세포를 구분할 수 있다. 자세포는 이중벽으로 되어 있고 덮개로 닫힌 자포를 갖고 있다. 누가 버튼, 즉 작은 강모剛毛를 누르면 자세포는 빠른 속도로 폭발한다. 이때 자포는 뒤집혀 독을 주입하는 임무를 수행한다. 한 번 쏘면 재충전할 수 없고 새로 형성된 자포로 대체된다. 단백질과 아미노산의 혼합물인 자포독은 동물 플랑크톤 같은 작은 먹잇감을 순간적으로 마비시킨다. 우리 인간은 노플리우스(갑각류의 알에서 발생한 최초의 유생—옮긴이)보다 좀 몸집이 크기 때문에 자포독에 그만큼 미미하게 반응한다. 대부분의 자포동물 종은 기껏해야 붉어지고 약간 화끈거리는 증상을 동반한 가벼운 피부 염증을 일으킬 뿐이다. 하지만 언제나 예외들이 규칙을 증명해 주는 법이다. 유령해파리류인 키아네아 카필라타Cyanea capillata는 모든 해파리 중에서 제일 크고(대서양에는 지름이 2.25미터에 달하는 치아네아 카필라타들이 헤엄치고 있다) 독성도 매우 강하다. 치아네아 카필라타는 독일 북해와 발트 해의 동물상fauna에도 속하지만, 이곳에서는 지름이 1미터를 넘지 못한다. 독일에서 훨씬 흔한 물해파리와 컴퍼스해파리, 리소스토마 옥토푸스Rhizostoma octopus 등은 위험하지 않다.

해파리류의 가장 가까운 친척은 역시 자포동물문에 속하는 상자해파리와 관해파리들이다. 상자해파리류의 몇몇 종은 '바다말벌'이라는 이름으로 유명하고 악명도 높다(바다말벌, 133쪽 참조). 관해파리류는 온전한 동물 군체로 이루어진다. 이들의 일부는 기체가 들어있는 포낭을 형성하는데, 이 포낭은 바람에 의해 대양을 떠다니고 뒤로는 긴 촉수를 끌고 다닌다. 고깔해파리의 경우 촉수의 길이가 최고 50미터에 이른다. 열대 바다에서는 고깔해파리들이 함대를 이루어 다니는 것이 예사이므로 녀석들이 다가오면 무조건 도망치는 것만이 살 길이다. 보고된 사망 사례가 없긴 하지만 고깔해파리의 촉수에 닿으면 어쨌든 굉장히 아프다.

햇빛이 없으면 생물은 살 수 없다?

태양은 생명이다. 이 간단한 공식은 거의 모든 생물에게 적용된다. 식물의 경우에는 더욱 분명하다. 식물은 햇빛으로부터 공급된 에너지를 이용하여 매우 복잡한 화학반응 과정인 광합성 작용으로 물과 이산화탄소로부터 다른 많은 화합물의 기초가 되는 당을 만들어낸다. 완전한 암흑 속이라면 식물은 금방 말라 죽는다. 그럼 동물은 어떨까? 따지고 보면 결코 빛을 보지 못하는 야행성 동물과 땅속 동물들도 많이 있다. 그러나 이들 역시 간접적으로나마 햇빛에 종속되어 있다. 모든 동물이 뭔가를 먹어야 하기 때문이다. 식물을 먹지 않으면 다른 동물을 먹을 테고, 그 동물들 역시 식물이나 초식동물을 먹고살 것이다. 어찌 됐든 동물은 식물을 필요로 하고 따라서 태양도 필요하다. 덧붙이자면 비단 먹는 것 때문만이 아니다. 광합성이 일어나는 동안 무엇보다도 동물들이 내쉰 이산화탄소가 소비되고 산소가 생성된다. 산소는 식물에게는 부산물이지만 동물에게는 삶에 필수불가결한 요소이다.

장면을 전환해 보자. 해저 2,500미터에서 잠수함 한 대가 결코 햇빛이 비치지 않는 영원한 어둠 속을 천천히 지나가고 있다. 전조등 불빛 속에 갑자기 괴상한 피조물들이 등장한다. 붉은 '머리'를 한 커다랗고 창백한 벌레들의 군체, 거대한 조개들, 흰색을 띤 게들……. 1977년에 처음으로 발견된 진기하고 특이한 세계이다. 이곳 주민들은 햇빛과는 완전히 무관한 삶을 살고 있다. 그들의 삶의 에너지는 어머니인 지구의 내부에서 온다. 갈라진 지층들의 경계선에서 바로 밑에 있는 마그마 덕분에 극도로 뜨겁고 광물이 풍부한 물이 솟아오른다. 적절한 거리를 두고 세균들은 그 안에 용해된 황화수소의 산화 작용으로부터 에너지를 얻는다. 다른 생물들은 이 세균을 먹고산다. 따라서 이 심해 세계에서 세균은 먹이사슬의 제일 앞에 있고 이 특이한 군취群聚의 기반이다.

현화식물은 태양의 도움으로 양분을 생성한다? 식물은 우리 인간들의 부러움을 자아내는 정교한 태양에너지 이용기술을 보유하고 있다. 광합성이라 불리는 과정을 통해 햇빛을 이용해서 어디서나 구할 수 있는 원료인 이산화탄소와 물로부터 에너지가 풍부한 당 화합물을 만들어내는 것이다. 이때 태양에너지 '포획'에 핵심적인 역할을 하는 것이 잎의 녹색 색소인 클로로필이다. 다시 말해서 클로로필이 없으면 광합성은 불가능하다. 따라서 홍산무엽란(난초의 일종), 구상난풀 혹은 열당과 식물들처럼 아주 창백한 빛깔의 식물은 '빛과 공기'만으로는 양분을 조달할 수가 없다. 이런 식물들은 뿌리로 다른 식물들의 즙을 빼먹음으로써 필요한 양분을 조달한다. 말하자면 기생식물인 셈이다. 독일에서 열당과 식물 두 종이 '클로버 교살자', '삼麻의 죽음'이라는 별명으로 불리는 것만 봐도 기생식물에 의한 피해가 비자발적인 숙주 생물이 쉽게 극복할 수 있는 정도가 아니라는 것을 알 수 있다.

호두는 견과다?

당연히 바깥에 딱딱한 껍데기가 있는 것만 견과라고 부를 수 있다. 호두가 시장에서 팔릴 때는 그런 껍데기가 있지만 아직 나무에 달려 있을 때는 그렇지 않다. 나무에 달린 호두는 과육과 섬유질로 된 녹색 외피에 싸여 있고, 외피는 열매가 익을 무렵에야 벌어져서 '호두'를 내놓는다. 이것을 식물학적으로 정확하게 표현하면 씨가 하나 있는 핵과라고 한다. 자두, 복숭아, 엘더 '베리'도 핵과라는 사실이 우선은 당혹스럽다. 하지만 이 과일들 역시 과육이 씨가 들어 있는 단단한 핵을 둘러싸고 있다. 그럼 코코넛은 어떨까? 이 경우에도 역시 이름이 잘못 붙여졌다. 호두와 같은 이유로 코코넛도 씨가 하나 있는 핵과이다. 헤이즐넛만이 우리를 실망시키지 않는다. 적어도 헤이즐넛만큼은 엄격한 식물학자에게도 진짜 견과로 인정받는다.

혹고니는 물고기를 먹고산다? 혹고

니는 부당하게도 어업에 유해하다고 낙인 찍힌 동물 덩단에 올라 있다. 혹고니는 상당히 철저한 초식동물—샐러드만 먹는 사람과 마찬가지로—이고 기껏해야 어쩌다 실수로 작은 달팽이나 벌레가 부리 속으로 들어올 뿐이다. 단지 예외적으로만 올챙이나(이미 죽은?) 작은 물고기를 먹을 뿐이다. 그 밖에는 수생식물이나 수변식물이 그들의 주식이다. 혹고니는 심지어 풀을 찾아 물을 떠날 때도 많다.

살아 있는 **화석**, 수백만 년 전부터

변함이 없다? '살아 있는 화석'이라는 개념이 싱긴 이래로 여기에 대한 논쟁도 계속되고 있다. 당연한 일이다. '살아 있는 화석'이라는 말은 그 자체로 벌써 모순을 안고 있으니 말이다. 화석은 살아 있지 않으며, 완전히 죽어서 퇴적물 속에 잠들어 있는 게 당연하기 때문이다. 살아 있는 화석은 태곳적부터 겉모습을 거의 바꾸지 않은 동물이나 식물을 일컫는 말이다. 그런데 '태곳적부터'와 '거의'라는 말 속에 과학적 논쟁의 불씨가 들어 있다. 수백만 년 전에 이미 아주 유사한 모습의 선조가 있었던 다람쥐는 살아 있는 화석일까? 아니면 고생대에 번창했던 껍데기가 있는 두족류 무리의 소박한 잔재인 앵무조개가 이런 칭호를 달 자격이 있는 것일까? 그리고 '거의'란 무슨 뜻인가? 비판자들은 이런 혹은 저런 특징에서 큰 변화가 있었다는 증거를 들이대면서 살아 있는 화석들을 차례차례 대좌臺座에서 밀어내 버린다. 옹호자들은 진화란 결코 멈추지 않지만, 대단히 느린 속도로 진행되는 진화가 바로 살아 있는 화석의 본질이라며 이의를 제기한다. 어찌 됐건, 저 유명한 라티메리아, 앵무조개, 투구게 또는 소철Cycas은 태고의 생활양식의 훌륭한 표본이다.

황새가 아기를 데려온다? 독일 저지대

에서는 황새를 '마이스터 아데바르Meister Adebar(축복을 가져오는 자라는 뜻—옮긴이)'라고 부른다. 이런 오래된 별명이 황새가 갓난아기를 부리로 싣고 오는 아이 운반자라는 것을 넌지시 암시한다. 특히 황새는 제비와 함께 고전적인 봄의 전령으로 여겨진다. 긴긴 겨울의 끝에 새로운 생의 전달자로서 황새는 게르만족에게는 신의 사자, 도나르의 신성한 새, 신의 축복의 상징이었다. 널리 퍼져 있는 자손을 점지해 주는 황새의 전설은 여기에 뿌리를 두고 있는 듯하다. 그런데 황새를 소재로 한 이야기들은 이것 말고도 아주 많고 다양하다. 다른 어떤 동물보다 사람들과 긴밀한 관계에 있는 그렇게 눈에 띄는 새에게는 당연한 일이다. 지붕에 있는 황새는 아기를 점지해 줄 뿐만 아니라 행복과 번영을 가져온다. 또 벼락과 화재에서 지켜주거나 그런 일이 닥칠 것을 예감하고 시끄러운 소리를 내거나 자기 새끼를 딴 데로 데려가는 방법으로 경고한다. 반대로 황새는 불화가 있는 집은 피한다. 새해가 되어 황새가 옛날 둥지로 돌아오지 않는 건 불길한 징조다. 어떤 지역에서는 황새가 부활절 토끼(부활절 달걀을 가져다준다고 여겨지는 토끼―옮긴이) 역할을 한다. 만약 이런 이야기들이 지나치다 싶은 사람은 이런 탄식을 내뱉으면 된다. "이제 황새 얘기 좀 그만 해!"

휘파람새는 풀숲에 사는 곤충이

다? 이 이름 뒤에 곤충이 아니라 새가 숨어 있다는 것은 언어학적 분석을 거쳐야만 알 수 있다(독일어의 휘파람새의 독일어명 그라스뮈케Grasmücke를 직역하면 풀모기이다―옮긴이). 휘파람서는 Gras(풀)와 Mücke(모기)에서 유래한 것이 아니라 gra(grau, 회색)와 중고지독일어(11세기 중엽~15세기 말에 독일 중부와 남부에서 쓰였던 언어―옮긴이) 단어인 'smucka(바싹 붙이다)'에서 유래했다. 조금만 더 상상력을 발휘하면 눈에 띄지 않게 덤불 속으로 살그머니 사라지는 작은 회색 명금이 떠오를 것이다. 하지만 모기라는 말이 휘파람새에게 전혀 안 어울리는 건 아니다. 대부분의 휘파람서들이 곤충을 주식으로 삼기 때문이다.

흡혈귀는 상상의 존재다? 진짜 흡혈귀

와의 만남을 두려워하지 않는 사람이라면 다음 여행 때는 트란스실바니아 대신 남아메리카로 가봐야 할 것이다. 그곳에는 피를 빨아먹고사는 유일한 박쥐들인 흡혈박쥐, 흰날개흡혈박쥐 털꼬리흡혈박쥐 등이 살고 있다. 흡혈박쥐는 능란하게 네 발로 걸어서 포유동물이나 새에게 접근한다. 흡혈박쥐는 보통 가축을 상대하지만 어쩌다 사람이 선택될 수도 있다. 녀석은 면도날처럼 날카로운 이로 피부를 아주 조금 절개해 흘러나오는 피를 혀를 이용해서 받아먹는다. 간단하고 통증도 거의 없는 수술이다. 흡혈박쥐는 매일 밤 10여 분의 식사시간 동안 대략 40밀리리터의 피를 먹는데, 이것은 녀석이 속이 비었을 때의 몸무게보다 많은 양이다. 그런데 방목하는 동물들의 경우 피를 빼앗기는 것보다 흡혈박쥐에 의해 전염되는 광견병바이러스가 더 위험하다.

흰가루병은 밀가루와 관련이 있다?

구즈베리 열매를 뒤덮거나 떡갈나무의 어린 잎에 묻어 있는 고운 흰색 '밀가루'는 진균이다. 흰가루병균이 가는 균사로 식물을 에워싸면 이 균사에서 포자가 있는 돌기가 싹튼다. 흰가루병에 걸린 식물을 흔들면 포자들이 진짜 가루처럼 흩날리기 때문에 더 밀가루 같다는 인상을 준다. 흰가루병균은 기생충이다. 특수한 돌기로 숙주 식물의 세포 속으로 침투해서 다 '빨아 먹는다'. 그런데 흰가루병균은 특정한 숙주를 가지고 있다. 다시 말해서 아무 데서나 자라지 않고 각자 특정한 숙주 식물에서만 기생한다. 특히 악명이 높은 것은 포도 재배자의 삶을 힘들게 하는 포도흰가루병으로 운키눌라 네카토르*Uncinula necator*라고 한다. '네카토르Necator(킬러)'라는 이름이 딱 어울린다. 150년 전, 이 균이 아메리카에서 유럽으로 건너온 지 얼마 되지 않았을 때 마데이라 제도와 테네리페 섬의 포도 재배가 완전히 중단된 일이 있었다. 지금도 포도흰가루병은 여전히 포도 재배 농가의 최대의 적으로 이 병을 퇴치하기 위해 매년 많은 약제들이 살포된다. 주말농장에서는 장미흰가루병이 농장주들로 하여금 독약 주사에 손을 뻗게 만든다. 1905년부터 독일에 등장한 근연종인 미국구즈베리흰가루병균은 구즈베리를 공격한다. 여기서도 학명이 본성을 폭로해 준다. 스페로테카 모르스-우베*Sphærotheca morsuvae*인데, 뒤의 단어는 '구즈베리의 죽음'이라는 뜻이다. 물론 가정의 정원에서는 상황이 그렇게까지 극단적이지는 않다. 하지만 병이 심할 때는 수확을 포기하는 것이 좋다. 흰가루병균이 월동하는 새싹의 끝을 잘라내면 도움이 된다. 또 이 균에 강한 종을 지배하는 것도 맛있는 구즈베리 위에 마치 '이슬 가루처럼' 얹힌 기생균에 맞서는 한 방법이다.

흰개미는 개미다? 여왕이자 전 백성의 어

머니가 다스리는 수만 또는 수백만의 백성을 거느린 거대한 왕국은 많은 흰개미와 개미 종의 공통점이다. 하지만 좀더 자세히 들여다보면 많은 차이점이 발견된다. 그 중 하나는 흰개미 사회에서는 수컷과 암컷이 함께 살고 일하며 먹이를 구하거나 재배하고, 수컷이나 암컷 병정이 국방을 담당하는 반면, 개미의 왕국은 철저한 모권 사회라는 것이다. 흰개미 여왕은 둥지의 중심에 있는 안전한 왕의 처소에서 혼자 외롭게 지내는 대신 남편인 왕과 함께 산다. 흰개미와 개미는 더 이상 가깝지 않기 때문에 두 곤충군의 아주 복잡한 사회 조직은 서로 완전히 독자적으로 발달해 온 것이 틀림없다. 개미는 꿀벌이나 말벌과 마찬가지로 벌목에 속하고 완전변태를 거친다. 여기에는 번데기 단계가 있는데, 이 단계에서 비로소 유충과는 전혀 다른 모습의 성충이 탄생한다. 이와는 반대로 흰개미는 독자적인 곤충목(흰개미목)을 형성하고 불완전변태를 거친다. 어린 흰개미는 허물을 벗을수록 점점 더 어른들과 닮아간다.

흰곰과 펭귄은 추운 극지방에서 함께 산다?

흰곰과 펭귄은 둘 다 지구의 황량한 빙원을 편애하긴 하지만 자연에서는 서로 마주칠 일이 절대 없을 것이다. 그들은 기껏해야 동물원에서나 만날 수 있을 뿐이다. 흰곰이 북극 주변 지역에 머무는 반면 펭귄의 나라는 남극 지방이다. 만일 그리스어 때문에 골탕 먹은 적이 있는 사람이라면 어떤 극에 곰이 사는지 기억하기 위해 따로 애쓸 필요가 없다. 그리스어로 북쪽이라는 뜻인 '아르크토스arktos'라는 단어는 곰이란 뜻도 되기 때문이다.

동식물에 관한 상식의 오류사전

초판 1쇄 인쇄 ︳ 2003년 5월 20일
초판 1쇄 발행 ︳ 2003년 5월 30일

지은이 ︳ 울리히 슈미트
옮긴이 ︳ 조경수

펴낸이 ︳ 박세경
펴낸곳 ︳ 도서출판 경당
출판 등록 ︳ 1995년 3월 22일(등록번호 제1-1862호)

주   소 ︳ 121-841 서울시 마포구 서교동 438-13번지
전   화 ︳ 02-3142-4414~5 팩스 ︳ 02-3142-4405
이메일 ︳ kdpub@freechal.com

ISBN 89-86377-24-1 03000
값 10,000원